Kehinde Denegan
Ibukun Adeleye

Uma análise comparativa Etnomatemática, Matemática Moderna e Literacia Matemática

Kehinde Denegan
Ibukun Adeleye

Uma análise comparativa Etnomatemática, Matemática Moderna e Literacia Matemática

ScienciaScripts

Imprint
Any brand names and product names mentioned in this book are subject to trademark, brand or patent protection and are trademarks or registered trademarks of their respective holders. The use of brand names, product names, common names, trade names, product descriptions etc. even without a particular marking in this work is in no way to be construed to mean that such names may be regarded as unrestricted in respect of trademark and brand protection legislation and could thus be used by anyone.

Cover image: www.ingimage.com

This book is a translation from the original published under ISBN 978-3-659-85497-2.

Publisher:
Sciencia Scripts
is a trademark of
Dodo Books Indian Ocean Ltd. and OmniScriptum S.R.L publishing group

120 High Road, East Finchley, London, N2 9ED, United Kingdom
Str. Armeneasca 28/1, office 1, Chisinau MD-2012, Republic of Moldova, Europe
Managing Directors: Ieva Konstantinova, Victoria Ursu
info@omniscriptum.com

Printed at: see last page
ISBN: 978-620-8-37906-3

Índice:

Capítulo 1 6

Capítulo 2 11

Capítulo 3 63

Capítulo 4 65

UMA ANÁLISE COMPARATIVA DA ETNOMATEMÁTICA, DA MATEMÁTICA MODERNA E DA LITERACIA MATEMÁTICA

BY

ADENEGAN, KEHINDE EMMANUEL *Ph.D*

e

ADELEYE, IBUKUN A. *B.Sc. (Ed.)*

Correio eletrónico do autor correspondente: adenegankehinde@gmail.com

Departamento de Matemática,
Adeyemi College of Education, Ondo
Estado de Ondo, Nigéria

RECONHECIMENTO

Agradecemos a Deus Todo-Poderoso que nos manteve vivos e sustentou a nossa saúde antes, durante e na compilação deste trabalho de investigação. Agradecemos igualmente a todas as pessoas com quem contactámos, direta e indiretamente, e que contribuíram positivamente para este grande trabalho, sem exceção dos autores (aqui referenciados) cujos livros, artigos e manuscritos foram de grande valor para este trabalho.

Agradecimentos especiais aos colegas, amigos e estudantes que nos encorajaram imenso. Mais importante ainda, gostaríamos de reconhecer e apreciar Carolyn Evans, da Evans Lap-publishing, pelos seus gentis esforços para assegurar a publicação deste trabalho.

Adenegan & Adeleye, 2016.

DEDICAÇÃO

Este trabalho é dedicado aos nossos queridos pais; Hon. & Mrs. S. S. Adenegan e Ven. & Mrs. E. A. Adeleye que desempenharam papéis significativos nas nossas vidas até à data e a todos os que contribuíram positivamente para as nossas queridas vidas.

RESUMO

Este estudo é uma análise comparativa da etnomatemática, da matemática moderna e da literacia matemática. Foi adoptada uma técnica de conceção de inquérito para o estudo. Foi utilizado o método do questionário e da entrevista para investigar este estudo. Este estudo recorreu a um processo de amostragem intencional. Foram selecionadas cinco escolas secundárias públicas de cada tribo (Yoruba, Igbo e Hausa) nas respectivas zonas geopolíticas da Nigéria. Na análise dos dados, foram utilizadas estatísticas descritivas e inferenciais, incluindo a percentagem simples e o teste t. Os resultados foram testados a um nível de significância de 0,5. Os resultados indicaram que os professores e os alunos estão conscientes dos valores matemáticos culturais, o que mostra que a cultura Hausa, Igbo e Yoruba da Nigéria promove o conhecimento matemático antes da infiltração da cultura ocidental. No entanto, os resultados revelaram que os professores não utilizam estes conhecimentos culturais e indígenas durante o processo de ensino e aprendizagem, apesar de a literacia matemática estar a ganhar terreno. Nomeadamente, alguns guardiães da história nas áreas incluídas na amostra, durante a sessão de entrevistas, descreveram esses elementos culturais e tradições dos seus antepassados na numeração, contagem, localização, eventos lunares, medição, conceção e realização de jogos como promoção e preservação preditiva e cultural de conhecimentos e ideias matemáticas. Foram feitas recomendações para que os valores, as técnicas e as actividades culturais da matemática sejam cuidadosamente organizados, modificados e preservados de acordo com a matemática moderna e sejam incluídos nos conteúdos curriculares a explorar no ensino e na aprendizagem da matemática para construir uma literacia matemática dinâmica. Por conseguinte, deve ser efectuada mais investigação para estudar também a eficácia da utilização de pacotes assistidos por computador com antecedentes culturais e Etnomatemática.

CAPÍTULO 1

1.1 INTRODUÇÃO

Por detrás da aparente divergência entre a etnomatemática, a matemática moderna e a literacia matemática, existe um nexo de convergência. Todas as crianças têm o direito de atingir um certo nível de literacia matemática e de lidar com as exigências matemáticas da nossa sociedade. Mesmo antes da chegada da educação ocidental, os nigerianos utilizavam a Matemática para classificar, ordenar, medir, cronometrar e pesar nas suas actividades quotidianas. A necessidade de adquirir conhecimentos de Matemática em todo o mundo tornou-se muito óbvia. Mas grande parte do conteúdo dos actuais programas de Matemática pouco faz para ajudar os alunos a aprender a informação e as competências necessárias para funcionar com sucesso neste novo mundo. Este facto é comprovado pela taxa de insucesso em Matemática a todos os níveis do nosso sistema de ensino e nos cursos de Matemática das nossas instituições de ensino superior. Em geral, parte-se do princípio de que a Matemática é apenas para alguns selecionados. Pelo contrário, toda a gente precisa de compreender a Matemática. Todos os estudantes devem ter a oportunidade e o apoio necessários para aprenderem Matemática significativa com profundidade e compreensão. A Matemática moderna é aplicada com sucesso não só às ciências naturais, mas também à economia e às ciências técnicas como uma ferramenta indispensável.

No entanto, a Matemática é frequentemente odiada, incompreendida e temida pela maioria dos estudantes e adultos. Uma das fontes deste problema pode estar na natureza da própria Matemática moderna e a outra é inerente à metodologia de ensino da Matemática. Para o efeito, se a Matemática for bem compreendida pelos alunos e adultos, haverá um bom desenvolvimento da ciência e da tecnologia, uma economia sólida e um melhor bem-estar para todos os cidadãos dessa comunidade ou cultura. Radford e Michael (2011) descobriram que os alunos resolvem problemas com a ajuda da fala, dos olhos e das mãos. O que significa que os esforços envidados para dar significado ou durante a aprendizagem de objectos matemáticos é uma forma de lidar com o problema referido como objetivação, que enfatiza a dimensão histórica e cultural do conhecimento e do saber.

Por exemplo, a história da Álgebra e do pensamento algébrico, a influência da interação familiar na forma como cada membro pensa sobre si próprio em relação aos outros e ao seu ambiente, bem como o impacto dos jogos Hausa, Ibo e Yoruba, adivinhas e discriminações visuais no desenvolvimento da Matemática. Assim, a dimensão cultural e histórica designada por teoria da atividade procura descrever não só os instrumentos teóricos do problema em contexto, com base no que os alunos fazem numa determinada atividade na sala de aula, mas também compreender essa atividade tendo como pano de fundo um contexto cultural e histórico (Michael, 2002). Numa atividade da aula de Matemática, os contos sobre o Gizo, a Galinha e a Hiena, bem como os contos sobre o Leão, o Chacal e a Hiena envolvem algum aspeto da Matemática e da resolução de problemas matemáticos. Esta ideia de relacionar o ensino e a aprendizagem da Matemática com contos, histórias e práticas culturais facilita e consolida a capacidade de raciocínio matemático dos alunos. Foi defendido que as práticas culturais encorajam e sustentam certos tipos de processos cognitivos, que depois perpetuam as práticas culturais (Nisbett e Norenyazan, 2002). É nesta direção que se baseia o esquema de conhecimento de Piaget para construir a ideia de esquemas culturais-matemáticos, padrões de esquemas matemáticos que constituem o sistema matemático de um grupo cultural, geralmente designado por Etnomatemática.

Por conseguinte, é nesta perspetiva que uma investigação desta natureza é amplamente empreendida para examinar criticamente a relação de inter-relação e interdependência entre a Matemática Moderna, a Etnomatemática e a literacia matemática.

1.2 ANTECEDENTES DO ESTUDO

A necessidade de literacia matemática no mundo tornou-se muito óbvia. Isto porque é relevante para a vida quotidiana e em várias disciplinas. A matemática tem sido uma disciplina obrigatória tanto no ensino primário como no secundário na Nigéria. A sua utilidade para o desenvolvimento tecnológico da nação, bem como para a humanidade (Azuka, 2003; Salman, 2003; Imoko, 2004; Uloko e Usman, 2008), reforça ainda mais a sua necessidade.

Por muito importante que a disciplina seja, os tremendos e persistentes insucessos dos estudantes nigerianos (Sanni e Ochepa, 2002; Uloko e Imoko, 2007; Abakpa e Agbo-Egwu, 2008) continuam a ser uma grande ameaça à sua aprendizagem. A taxa de insucesso era tão elevada que se verificou que a Nigéria ocupava a penúltima posição em comparação com os outros onze países anglófonos da África Ocidental no exame de matemática do certificado escolar (Abakpa e Agbo-Egwu, 2013). As tentativas de encontrar uma solução para este insucesso incessante levaram os investigadores em educação matemática a considerar uma série de factores. Um desses factores é o método de ensino inadequado. De acordo com Harbor-Peters (2001), o fraco aproveitamento em Matemática deve-se ao facto de os professores não utilizarem abordagens de ensino adequadas.

Os investigadores deste estudo concordam com as observações feitas por alguns quadrantes de que o método de ensino da Matemática na Nigéria é de natureza estrangeira, não tem qualquer relação com a cultura nigeriana e deriva modernamente da cultura eurocêntrica (Obodo, 1997; Kurumeh, 2004; Uloko, 2006; Uloko e Imoko, 2007; Uloko e Ogwuche, 2007). Uma das consequências da dependência excessiva de abordagens estrangeiras para o ensino da Matemática é a aparente falta de princípios matemáticos básicos, o que resulta numa aprendizagem mecânica e em fracos resultados em Matemática, como se pode ver atualmente na Nigéria. As tentativas de resolver este problema exigiram que os professores desenvolvessem estratégias que garantam a participação ativa dos alunos, orientadas para a prática e para projectos, conforme aplicável (Obodo, 1997; D'Ambrosio, 2001; Kurumeh, 2004; Uloko, 2006). Isto parece exigir a opção de experimentar a Etnomatemática; trata-se de uma abordagem de ensino que se centra nos antecedentes dos alunos, nos seus ambientes imediatos integrados na Matemática eurocêntrica de uma forma prática, tal como exigido pelo conceito de Matemática moderna.

1.3 DECLARAÇÃO DO PROBLEMA

A taxa alarmante de insucesso nos cursos de Matemática nas instituições de ensino superior causou efetivamente muitos danos ao nosso crescimento e desenvolvimento tecnológico. De acordo com Abakpa e Agbo-Egwu, 2008, os estudantes da Nigéria estão a competir pela última posição e não pela melhor em Matemática no Exame de Certificado Escolar entre os onze países anglófonos da África Ocidental. Os investigadores têm também insistido na utilização de novos métodos de ensino e aprendizagem da Matemática a nível superior, para além do método expositivo, mas sem sucesso. Os alunos, os pais, os educadores, o governo e a população estão preocupados com a persistência do fraco aproveitamento dos alunos em Matemática. Os dados mostram que esta situação é deplorável, ao ponto de os estudantes nigerianos começarem a competir pelo último lugar em vez do primeiro. Além disso, há provas que apoiam o facto de que este fraco aproveitamento e retenção resultam da não utilização de abordagens pedagógicas adequadas na disciplina, da natureza abstrata da disciplina e do medo que os estudantes desenvolvem em relação à disciplina. Não é de admirar que todos os métodos utilizados até à data não sejam capazes de inverter esta tendência negativa. De acordo com Emmanuel E. Achor (2009), é, no entanto, de notar que a utilização da ETA (Abordagem de Ensino Etnomatemática) não foi experimentada na Nigéria, particularmente in locus, para ver se poderia inverter este fraco desempenho.

Tem havido tanta preocupação e queixas de todos os cantos e recantos da sociedade nigeriana que o nível de ensino baixou (Barkie, 2002). O desempenho dos alunos nos exames do ensino secundário superior administrados tanto pelo WAEC como pelo NECO continua a deteriorar-se de ano para ano, tanto nas ciências como nas ciências sociais. Por exemplo, Rabi'u (2005) afirmou que, de acordo com o relatório do examinador principal do WAEC (2003), o desempenho dos estudantes variava de uma disciplina para outra e as classificações iam de alto, médio, baixo a muito baixo. O desempenho foi geralmente fraco em língua inglesa e abaixo das expectativas em química, matemática e física.

Com base no pano de fundo acima referido, este estudo foi concebido para investigar as actividades matemáticas da nossa linhagem nas três tribos da Nigéria. Ou seja, o estudo pretende descobrir como os nossos antepassados desenvolveram a sociedade primitiva através dos seus métodos matemáticos primitivos de classificação, ordenação, medição, cronometragem e pesagem nas suas actividades quotidianas. Isto com vista a desvendar os obstáculos e as ameaças que afectam o desenvolvimento efetivo da Etnomatemática, por um lado, e a influenciar o ensino, a aprendizagem e o bom desempenho dos alunos em Matemática, aumentando assim a literacia matemática.

1.4 OBJECTIVO DO ESTUDO

Os objectivos desta investigação são os seguintes:

1. Comparar e contrastar a inter-relação, as interconexões e a interdependência entre a Matemática moderna, a etnomatemática, a literacia matemática e a Matemática indígena.
2. Destacar e analisar as influências dos factores socioculturais no ensino, na aprendizagem e no desenvolvimento da Matemática;
3. Para chamar a atenção para o facto de a Matemática (as suas técnicas e verdades) ser um produto cultural, salientam que cada povo - cada cultura e cada subcultura - desenvolve a sua própria Matemática particular.
4. Sublinhar o facto de a Matemática ser considerada uma atividade universal e pan-humana. Como produto cultural, a Matemática tem uma história. Sob certas condições económicas, sociais e culturais, surgiu e desenvolveu-se em determinadas direcções; sob outras condições. Por outras palavras, o desenvolvimento da Matemática não é unilinear.
5. Para sublinhar que a Matemática escolar do "currículo" transplantado e importado é aparentemente estranha às tradições culturais de África. Aparentemente, esta Matemática vem do "Terceiro Mundo" exterior. Na realidade, porém, uma parte substancial dos conteúdos desta "matemática escolar" é de origem africana e asiática.
6. Descobrir até que ponto as culturas Hausa, Igbo e Yoruba (ou seja, a Nigéria) promovem actividades matemáticas na sua cultura muito antes do advento da educação matemática ocidental.
7. Contribuir para o conhecimento das realizações matemáticas, e procurar tradições e actividades matemáticas na vida quotidiana das pessoas dos antigos colonizados Hausas, Ibos e Yorubas. Procurar elementos da cultura, que sobreviveram ao colonialismo e que revelam o pensamento matemático e outros pensamentos científicos, para tentar reconstruir esses pensamentos matemáticos e analisar formas de os incorporar no currículo;
8. Permitir que os alunos reflictam sobre a realidade em que vivem e capacitá-los para desenvolver e utilizar a Matemática de uma forma emancipatória.
9. O estudo também pretendia identificar mecanismos de intervenção que pudessem melhorar a aquisição de competências matemáticas, reflectindo a cultura e as tradições das comunidades que servimos, a fim de orientar os nossos esforços de educação matemática.

1.5 SIGNIFICADO DO ESTUDO

A importância do estudo reside no facto de as suas conclusões fornecerem uma comparação aprofundada entre a Etnomatemática, a Matemática Moderna e a literacia matemática, com o objetivo de evidenciar a relação em termos de semelhanças e diferenças entre os três conceitos. Esta comparação também teve como objetivo identificar aspectos da Etnomatemática que não fazem parte da Matemática Moderna e que podem ajudar os alunos a adquirir competências matemáticas ao longo da vida se forem incorporados no currículo de Matemática na Nigéria.

Os resultados da investigação destacaram outros mecanismos de intervenção que podem melhorar a literacia matemática.

Igualmente importante, o estudo identificou factores que impedem a aquisição de competências matemáticas no currículo de Matemática que poderiam igualmente ser factores no currículo de literacia matemática. É também uma tentativa de documentar algumas práticas sociais e procedimentos nativos que as pessoas que vivem nesta região utilizam para gerir os seus "problemas matemáticos quotidianos". São descritos exemplos da cultura local que podem ser utilizados para introduzir argumentos matemáticos na sala de aula. Por fim, o documento aborda as possíveis formas de incluir estes eventos culturais nos programas de Matemática, tais como a criação de novos termos matemáticos nas línguas locais ou a preparação de manuais de Matemática e de actividades na sala de aula. Além disso, este estudo fornece plataformas para o trabalho de investigação por parte de indivíduos e instituições de investigação para investigar mais profundamente as tradições e pensamentos matemáticos primitivos de outras tribos que podem servir de base para melhorar e desenvolver a literacia matemática na Nigéria.

Assim, os resultados deste estudo fornecem uma análise crítica e uma disparidade sobre a medida em que o conceito de Etnomatemática e de Matemática moderna melhorou a aquisição de competências matemáticas dos alunos.

1.6 ÂMBITO DO ESTUDO

Desde o advento da educação ocidental, pouca ou nenhuma atenção tem sido dada às primeiras tradições e pensamentos da nossa linhagem antes do século 21st. Estas tradições incluem vários métodos de ordenação, numeração, pesagem, medição, referência e datação, eventos lunares, jogos e muito mais, que são de natureza matemática. A matemática moderna do sistema educativo ocidental, adoptada pelo nosso sector educativo, não dá espaço suficiente para o desenvolvimento e a inculcação destes pensamentos matemáticos tradicionais no nosso currículo de matemática. Isto levou à persistência e consistência do insucesso em massa registado pelos organismos de exame, particularmente na disciplina de Matemática, devido ao facto de a maioria das noções e complexidades da Matemática moderna não ser muito relevante para a cultura e o ambiente imediato dos alunos. Este drástico fracasso registado é o resultado da negligência dos mitos e competências matemáticas praticados pelos nossos antepassados. A cultura ocidental corroeu completamente o conhecimento e as técnicas utilizadas pela nossa linhagem antes da colonização.

Neste contexto, o estudo de investigação abrange uma análise crítica comparativa da matemática moderna, da etnomatemática e da literacia matemática. Analisa a relação, as semelhanças e as diferenças entre estes três conceitos. Além disso, procura investigar o passado, a fim de examinar e revelar vários métodos utilizados e sugerir uma possível reconstrução e implementação destes conhecimentos e competências.

1.7 QUESTÕES DE INVESTIGAÇÃO

Este estudo pretende responder às seguintes questões:

1. Estarão os professores de Matemática e os alunos conscientes destes valores culturais que promovem o conhecimento matemático?
2. Em que medida é que a cultura Hausa, Igbo e Yoruba promove o conhecimento matemático antes da infiltração da cultura ocidental?
3. Os professores de Matemática utilizam estes conhecimentos culturais e indígenas durante o processo de ensino e aprendizagem?
4. Quais são as culturas e tradições de numerar, contar, localizar, referenciar, inferir, medir, desenhar e jogar que promovem o conhecimento matemático entre os povos Hausa, Igbo e Yoruba na Nigéria?

1.8 HIPÓTESE DE INVESTIGAÇÃO

Para efeitos do presente estudo, foram formuladas as seguintes hipóteses:

1. Os professores e os alunos não estão conscientes destes valores matemáticos culturais e indígenas.
2. As culturas Hausa, Igbo e Yoruba da Nigéria não promovem o conhecimento matemático antes da infiltração da cultura ocidental.
5. Os professores não utilizam os conhecimentos culturais e indígenas durante o processo de ensino-aprendizagem.

1.9 LIMITAÇÕES DO ESTUDO

Esta investigação tem algumas limitações. Este estudo foi limitado principalmente pelo tamanho da sua amostra. Uma limitação do presente estudo foi a pequena amostra não probabilística de conveniência. Devido a restrições financeiras, o estudo não foi efectuado em todo o país para atingir uma significância estatística notável. Um início mais precoce da recolha de dados teria aumentado o tempo necessário para inquirir mais participantes. A dimensão, a conveniência e a homogeneidade da amostra limitam a generalização deste estudo.

Os resultados não significativos relacionados com as diferenças entre grupos devem-se provavelmente a um erro do tipo II devido à pequena dimensão da amostra. Um erro do tipo II ocorre quando é aceite uma hipótese nula falsa. A forma mais clara de evitar um erro do tipo II é aumentar a dimensão da amostra, o que, por sua vez, aumentará o poder da análise estatística. Assim, a análise aprofundada de possíveis atributos e tradições destas tribos foi direcionada para investigação futura com o objetivo principal de limitar o estudo de investigação ao resultado de uma tribo específica na Nigéria.

Outra limitação é o facto de os participantes representarem uma gama restrita de etnias/idade/etc. Uma amostra maior, com mais diversidade, teria sido benéfica para os resultados. O meu estudo teria beneficiado os participantes com a pergunta relativa à Etnomatemática, se os participantes pudessem ter compreendido melhor a definição de Etnomatemática incluída no questionário.

Poderia ter sido obtida uma maior profundidade de informação através da realização de grupos de discussão constituídos por participantes representativos da amostra. O estudo deveria ter sido um tópico centrado num grupo/tribo específico. Isto teria permitido alargar as amostras da investigação e do inquérito e analisá-las adequadamente para obter resultados mais precisos. A minha metodologia poderia também ter incluído os "alfabetizados" e os "não alfabetizados" da sociedade (por exemplo, mulheres do mercado, agricultores, pescadores, carpinteiros, pedreiros, etc.).

1.10 DEFINIÇÃO DE TERMOS

- Etnomatemática : A etnomatemática estuda os aspectos culturais da matemática, apresentando conceitos matemáticos do currículo escolar de uma forma em que esses conceitos estão relacionados com as experiências culturais e quotidianas dos alunos, aumentando assim as suas capacidades de elaborar ligações significativas e aprofundando a sua compreensão da matemática.
- Matemática moderna: A Matemática Moderna pode ser definida como um desenvolvimento recente/novo na Matemática, especialmente as práticas e ideias actuais em relação às de um tempo anterior. Por outras palavras, pode dizer-se que "a matemática moderna é o que os matemáticos modernos fazem".
- Literacia matemática: A literacia matemática pode ser definida como uma disciplina orientada por aplicações da matemática relacionadas com a vida, que permite aos alunos desenvolver a capacidade e a confiança para pensar numérica e espacialmente, a fim de interpretar e analisar criticamente situações do quotidiano e resolver problemas.
- Educação matemática: a educação matemática pode ser definida como a prática do ensino e da aprendizagem da matemática, juntamente com a investigação académica que lhe está associada.
- Certificado de Conclusão do Ensino Secundário (SSCE): é o exame final efectuado pelo Conselho de Exames da África Ocidental (WAEC) e pelo Conselho Nacional de Exames (NECO) para os alunos do SS3 nas escolas secundárias. Trata-se de um nível normal (nível 0).
- Cultura: A cultura pode ser definida como a soma total da criação humana, os resultados organizados das experiências de grupo até à atualidade. Inclui todas as atitudes e crenças, ideias e julgamentos, códigos e instituições, filosofia e organizações sociais criados pelo homem.
- Programa de Avaliação Internacional de Estudantes (PISA): O Programa Internacional de Avaliação de Alunos (PISA) é um estudo mundial realizado pela Organização para a Cooperação e Desenvolvimento Económico (OCDE), em países membros e não membros, sobre o desempenho escolar dos alunos de 15 anos em matemática, ciências e leitura.
- Tribo: A tribo pode ser definida como um grupo de pessoas social, étnica e politicamente coeso. As tribos nigerianas são maioritariamente categorizadas em 3 zonas geopolíticas, nomeadamente: Yoruba, Hausa e Igbo.
- Estudantes aborígenes: "Aborígene", de acordo com o Dicionário Webster, é definido como um habitante de um lugar, habitando ou existindo numa terra desde os tempos mais antigos ou antes da chegada dos colonos (nativo, indigena, aborígene, local, habitante original). Os estudantes aborígenes são designados por estudantes indígenas.

CAPÍTULO 2

ANÁLISE DA LITERATURA RELEVANTE

2.0 INTRODUÇÃO

Para estabelecer as inter-relações, interconexões, diferenças e semelhanças entre estes três conceitos, na medida em que afectam a Educação Matemática, é necessário rever criticamente os resultados de investigações anteriores realizadas por indivíduos e instituições de investigação que, numa ou noutra altura, revelaram o significado, o desenvolvimento e as componentes destes três conceitos básicos (Etnomatemática, Matemática Moderna e Literacia Matemática).

Neste capítulo, discutiremos os seguintes tópicos, tal como foram analisados criticamente e opinados por académicos amáveis que contribuíram para a difusão e o desenvolvimento da educação matemática:

- o O desenvolvimento e o significado da Etnomatemática: incluindo as suas definições e componentes.
- o Matemática indígena e educação matemática.
- o Matemática moderna e matemática de diferentes culturas caracterizadas pelos três domínios - cultura e matemática, cultura e educação matemática, a linguagem como um aspeto da cultura e os efeitos da cultura na realização matemática.
- o A Matemática moderna e a literacia matemática; seu significado, objectivos e diferenças entre a Matemática e a literacia matemática.
- o Etnomatemática e literacia matemática; sua disparidade e semelhança e o conceito de sociomatemática.
- o O impacto deste estudo no rendimento/desempenho académico dos alunos.

2.1.0 O DESENVOLVIMENTO E O SIGNIFICADO DE ETNOMATEMÁTICA

De acordo com a Wikipédia (enciclopédia livre), o termo "etno Matemática" foi introduzido pelo educador e matemático brasileiro Ubiratan D'Ambrosio em 1977 durante uma apresentação para a Associação Americana para o Avanço da Ciência. Desde que D'Ambrosio apresentou o termo, as pessoas - incluindo D'Ambrosio - têm-se debatido com o seu significado ("Um abuso etimológico leva-me a usar as palavras, respetivamente, etno e mathema para as suas categorias de análise e tics de (de techne)".

Segue-se uma amostragem de algumas das definições de Etnomatemática propostas entre 1985 e 2006:

- ❖ "A Matemática que é praticada entre grupos culturais identificáveis, tais como sociedades de tribos nacionais, grupos de trabalhadores, crianças de determinadas faixas etárias e classes profissionais".
- ❖ "A matemática implícita em cada prática"
- ❖ "O estudo das ideias matemáticas de uma cultura não literária"
- ❖ "A codificação que permite a um grupo cultural descrever, gerir e compreender a realidade".
- ❖ "A matemática é concebida como um produto cultural que se desenvolveu como resultado de várias actividades".
- ❖ "O estudo e a apresentação das ideias matemáticas dos povos tradicionais".
- ❖ "Qualquer forma de conhecimento cultural ou atividade social caraterística de um grupo social e/ou grupo cultural que possa ser reconhecida por outros grupos, como os antropólogos ocidentais, mas não necessariamente pelo grupo de origem, como conhecimento matemático ou atividade matemática".
- ❖ "A matemática das práticas culturais".
- ❖ "A investigação das tradições, práticas e conceitos matemáticos de um grupo social subordinado".

* "Tenho estado a usar a palavra Etnomatemática como modos, estilos e técnicas (tics) de explicação, de compreensão e de lidar com o ambiente natural e cultural (mathema) em sistemas culturais

distintos (ethnos)".

O termo Etnomatemática requer uma interpretação dinâmica porque descreve conceitos que não são rígidos nem singulares, ou seja, "etno" e "Matemática" (D'Ambrosio 1987). O termo etno refere-se à identidade cultural identificável de um grupo, tal como línguas, códigos, valores, jargões, crenças, alimentação, vestuário, hábitos e traços físicos. A matemática exprime uma visão alargada de cursos que incluem a cifra, a aritmética, a classificação, a ordenação, a inferência e a modelação de padrões que surgem no ambiente. De acordo com Davidson (2000), a etnomatemática é a arte ou técnica de explicar, conhecer e compreender diversos estilos de aprendizagem culturalmente relacionados, que se considera poderem desenvolver os aprendentes em matemática (Gilmer e Mulwankee, 2001; Knijinik, 1997; Mogari, 2002).

Até ao início dos anos 80, a noção de "Etnomatemática" estava reservada às práticas matemáticas dos povos "não alfabetizados" - anteriormente designados por "primitivos" (Ascher & Ascher, 1997). O que era necessário era uma análise pormenorizada das ideias matemáticas sofisticadas da Etnomatemática, que se afirmava estarem relacionadas e serem tão complexas como as dos modernos. Atualmente, como resultado desta mudança na disciplina da Etnomatemática, os cientistas recolhem dados empíricos sobre as práticas matemáticas de grupos culturalmente diferenciados, letrados ou não. Assim, o rótulo "etno" já não deve ser entendido como uma referência ao exótico ou como estando ligado à raça. Este significado alterado e enriquecido do conceito 'Etnomatemática' teve o seu impacto na filosofia da educação matemática. A partir deste momento, a Etnomatemática tornou-se significativa para todas as salas de aula, uma vez que os contextos multiculturais das salas de aula se generalizam a todo o mundo. Atualmente, todas as salas de aula são caracterizadas pela diversidade (étnica, linguística, de género, social, cultural, etc.).
Os professores em geral, mas também os professores de Matemática, têm de lidar com a diversidade cultural existente, uma vez que a Matemática é definida como conhecimento humano e cultural, como qualquer outro domínio do conhecimento (Bishop 2002).

A mudança de significado da Etnomatemática para um conceito mais amplo de diversidade cultural tornou-se significativa no seio da comunidade de investigadores que trabalham sobre o tema da Etnomatemática, da educação multicultural e da diversidade cultural. Enquanto, por exemplo, o tópico esteve ausente nas duas primeiras conferências da Conferência Europeia de Investigação em Educação Matemática (CERME 1, 1998; CERME 2, 2001), o tópico apareceu na CERME 3 (2003) como "Ensino e aprendizagem da Matemática em salas de aula multiculturais". No CERME 4 (2005) e no CERME 5 (2007), o grupo de trabalho foi designado "Educação matemática em contextos multiculturais". No CERME 6 (2009), o grupo de trabalho passou a designar-se "Diversidade cultural e educação matemática". Desde então, e em linha com o desenvolvimento teórico do conceito de Etnomatemática, tem havido uma consideração explícita da noção de diversidade cultural.

Por conseguinte, o objetivo da Matemática deve ser o de promover a capacidade dos alunos de utilizarem com êxito a tecnologia moderna para resolverem problemas e comunicarem o seu pensamento e as suas respostas, à medida que adquirem uma consciência da Etnomatemática: A Chave para Otimizar a Aprendizagem e o Ensino da Matemática capacidades e limitações dos instrumentos tecnológicos, tal como opinam Iluno, et al (2013). A investigação afirma ainda que podemos ajudar os alunos a realizar todo o seu potencial matemático reconhecendo a importância da cultura para a identidade da criança e a forma como a cultura afecta o pensamento e a aprendizagem dos alunos. Temos de ensinar os alunos a valorizar a diversidade na sala de aula de Matemática e a compreender a influência que a cultura tem na Matemática e como essa influência resulta em diferentes formas de utilização e comunicação da Matemática.

Tradicionalmente, nas aulas de Matemática, a relevância da cultura tem estado estranhamente ausente do conteúdo e do ensino. O resultado é que muitos estudantes e professores acreditam, sem questionar, que não existe qualquer ligação entre a Matemática e a cultura. Não considerando outras possibilidades, acreditam que a Matemática é cultural, uma disciplina sem significado cultural. Esta perspetiva cultural da Matemática reflecte-se no ensino de várias formas. Primeiro, em muitas salas de aula, não é permitido aos alunos construir uma compreensão pessoal da Matemática que é apresentada. Os valores, tradições, crenças, linguagem e hábitos que reflectem a cultura dos alunos são ignorados. Nessas situações, não são respeitadas as formas como os alunos podem inventar conceptualizações com significado pessoal. Na maior parte das nossas instituições de ensino superior, espera-se que os alunos assimilem procedimentos prescritos de forma mecânica, sem necessariamente adquirirem uma compreensão mais profunda e concetualmente significativa da Matemática que estão a estudar. Infelizmente, este estilo de ensino limita a aprendizagem ao período de tempo em que os alunos se lembram exatamente dos procedimentos. A aplicação da aprendizagem é também muitas vezes específica ao contexto e pouco generalizada porque se limita aos tipos de problemas praticados quando os procedimentos foram ensinados. Quando as caraterísticas culturais da invenção, da experiência e da aplicação da Matemática pelas crianças são percebidas e respeitadas, então esses alunos assemelhar-se-ão mais aos matemáticos em ascensão desejados (Iluno C. et al, 2013).

Yusuf (2010), na sua investigação sobre um jogo hauçá, discutiu que a Matemática é uma disciplina universal em que cada cultura tem o seu conceito de número e a ideia de que 1 + 1 = 2, independentemente do grau de avanço tecnológico da cultura. A noção de universalidade da Matemática é ainda reforçada pelo facto de ter sido inventada em todo o mundo, numa multiplicidade de "lugares" e épocas diferentes, com pouco ou nenhum contacto entre os seus criadores. De acordo com John (1998), Platão proclama que a Matemática é uma ferramenta fiável para a procura da verdade. A etnomatemática refere-se ao estudo das práticas matemáticas de grupos culturais específicos no decurso da resolução dos seus problemas e actividades ambientais (Glorin; 1980 & Ascher; 1991).

O prefixo "etno" refere-se a grupos culturais identificáveis, tais como sociedades tribais fictícias, classes profissionais, etc., e inclui a sua língua e práticas quotidianas. "Mathema" significa aqui explicar, compreender e gerir a realidade especificamente através da contagem, medição, classificação, ordenação e modelação de padrões que surgem no ambiente. O sufixo "ticks" significa arte ou técnica. De acordo com (John; 1998), a etnomatemática é o estudo das técnicas matemáticas utilizadas por grupos culturais identificáveis para compreender, explicar e gerir problemas e actividades que surgem no seu próprio domínio. A etnomatemática também se refere a qualquer forma de conhecimento cultural ou atividade social caraterística de um grupo social e/ou cultural que possa ser reconhecida por outros grupos [Louis (1986)]. Por exemplo, a forma como os jogadores profissionais de basquetebol calculam ângulos e distâncias é muito diferente da forma correspondente utilizada pelos condutores de camiões. Tanto os jogadores profissionais de basquetebol como os condutores de camiões são grupos culturais reidentificáveis que utilizam a Matemática no seu trabalho diário. Têm a sua própria estimativa e os etno-matemáticos estudam as suas técnicas.

A cultura refere-se a um conjunto de normas, crenças e valores que são comuns a um grupo de pessoas que pertencem à mesma etnia [James, 1982]". Enquanto programa de investigação, a Etnomatemática convida-nos a analisar a forma como o conhecimento foi construído ao longo da história em diferentes ambientes culturais. É um estudo comparativo das técnicas, modos, artes e estilos de explicar, compreender, aprender e lidar com a realidade em diferentes ambientes naturais e culturais (Powell & Frankenstein, 1997, p. 3). A etnomatemática incorpora a cultura, a história e a classe dos alunos na aprendizagem. Torna a aprendizagem relevante para os alunos e ajuda a envolvê-los ativamente. Muitos educadores podem não estar familiarizados com o termo, mas uma compreensão básica do mesmo permite aos professores expandir as suas percepções matemáticas e instruir mais eficazmente os seus alunos.

2.2.0 MATEMÁTICA INDÍGENA E EDUCAÇÃO MATEMÁTICA

O ensino da matemática pode ser uma experiência estimulante e rica para todos os alunos. Para que isso aconteça, o ensino de um programa de matemática culturalmente relevante garantirá o orgulho, a motivação e o sucesso das crianças aborígenes. Para promover uma auto-identidade positiva em que as crianças possam celebrar, validar e preservar a sua cultura, os professores devem ter em conta: cultura - herança, estilo de aprendizagem, ambiente valores fundamentais - cooperação, partilha, estilos de aprendizagem tradicionais língua, tradução de terminologia e conceitos conhecimentos prévios - padrões de pensamento, resolução de problemas, estilos de aprendizagem capacidades e intelecto - capacidades de visualização, pensamento abstrato aplicações práticas - relevância para a vida pessoal promover os aspectos positivos em oposição às imagens negativas prevalecentes na sociedade atual. Para que a Matemática seja ensinada eficazmente em qualquer comunidade, tem de começar onde as crianças estão, com a linguagem e os conhecimentos com os quais a sua visão concetual do mundo em desenvolvimento está relacionada.

Deve acompanhar as crianças à medida que estas desenvolvem conceitos matemáticos em situações relevantes e significativas que são organizadas para elas de forma a que surjam novas ideias matemáticas. Mas quantas vezes as palavras utilizadas nas escolas aborígenes, particularmente nas aulas de matemática, evocam imagens mentais ou conceitos que diferem dos das crianças que crescem a falar inglês e com uma visão concetual do mundo relacionada com o sistema ocidental de conhecimento? O que é talvez ainda mais alarmante é que os professores muitas vezes não se apercebem de que isto está a acontecer e quando a criança não consegue agir de forma inteligente em determinadas situações, o professor desiste de tentar ensinar matemática eficazmente e concentra-se em ensinar 'somas' nas quais as crianças aborígenes, com as suas fortes memórias auditivas e visuais, obtêm algum sucesso."

Muitos estudantes indígenas têm dificuldades na aprendizagem da matemática (Bucknall, 1995; Howard, 1995). Quatro factores principais parecem ter um impacto direto na aprendizagem da matemática pelos alunos indígenas, nomeadamente

i. Língua,
ii. Avaliação,
iii. Estilo de aprendizagem, e
iv. A relevância da atividade matemática.

A origem linguística dos alunos indígenas pode ter um impacto importante em todos os resultados educativos (Queensland Indigenous Education Consultative Body [QIECB], 2003). A isto juntam-se as subtilezas da língua matemática, as suas particularidades linguísticas e os seus significados semânticos. Embora a maioria dos alunos indígenas fale inglês como língua materna em casa (79,8%), este inglês não é necessariamente o mesmo que o utilizado pelos professores brancos no dia a dia das salas de aula (QIECB, 2003). Por exemplo, os alunos podem referir-se a um homem alto como um homem "comprido" (Bucknall, 1995), palavras que têm significados específicos em matemática. Embora possa parecer ao professor de língua inglesa que os seus alunos indígenas falam e compreendem bem o inglês, na realidade isto pode estar longe da verdade (Gledhill, 1989).

Lowell et al. (1995) sugerem que os alunos indígenas adivinham muitas vezes o que fazer ou dizer a partir da situação, ou de uma ou duas palavras-chave que reconhecem, e assim mascaram muitas vezes as dificuldades linguísticas que estão a sentir. As práticas de avaliação também podem ter impacto na aprendizagem da matemática. Em muitas culturas indígenas, a escrita raramente é a primeira opção de comunicação (Shnukal, 2002). No entanto, a escrita é muitas vezes crucial para a avaliação na sala de aula. Muitos alunos indígenas começam e continuam na escola com fracas competências de literacia (Schwab, 1996; Smith, 1997). Para estas crianças, os seus baixos resultados de avaliação podem simplesmente refletir uma falta de compreensão da pergunta feita, ou uma dificuldade em expressar respostas por escrito, em vez de conhecimento da matéria (Shnukal, 2002).

De facto, o nosso atual regime nacional de testes pode ter um impacto nas culturas indígenas de formas que nunca foram pretendidas (Meanmore, 2001), tais como o reforço das diferenças raciais percebidas em termos de inteligência e da baixa autoestima (McDonald, 2001), ambas as consequências consideradas injustas e injustas. A diferença de estilos de aprendizagem também pode afetar o sucesso na sala de aula. Pensa-se que o estilo de aprendizagem preferido dos estudantes indígenas é o da observação e imitação, em vez da instrução verbal, oral ou escrita (Clarke, 2000; Collins, 1993; Eibeck, 1994; Jarred, 1993).

Os estudantes indígenas têm pouca paciência para currículos anatomizados (Barnes, 2000), preferindo uma abordagem holística da aprendizagem, apreciando visões gerais das disciplinas e uma ligação e integração conscientes (Christie, 1994). Em contrapartida, a história da educação matemática tem sido, em grande medida, uma história de pedagogias formais com conhecimentos descontextualizados (Maratos, 1998). Parece que uma resposta à educação matemática indígena parece residir na integração da matemática nas culturas e experiências indígenas, de modo a que o poder dos contextos significativos possa ser aproveitado na aprendizagem (Roberts, 1999). Isto implica que a matemática deve ser ensinada aos alunos indígenas de uma forma que se relacione com o seu mundo e exponha as componentes socioculturais e tecnoculturais da matemática à sua compreensão (Graham, 1988).

Em particular, isto pode significar o ensino da matemática como uma nova língua (Roberts, 1999), tendo em conta os aspectos da cultura indígena que têm pontos fortes na matemática (Graham, 1988), e fornecendo mais explicações orais e trabalho em pequenos grupos. Assim, os professores, os assistentes de professores indígenas e as comunidades indígenas locais têm papéis importantes na relação da matemática com o mundo do aluno.

O ensino da matemática para os estudantes indígenas tem seguido historicamente um modelo etnocêntrico e exclusivo semelhante ao acima descrito; não foi contextualizado em relação à cultura indígena (Cronin, Sarra & Yelland, 2002; Matthews, 2003; NSW Board of Studies, 2000; Sarra, 2003). No entanto, como indígena urbano, alguma da literatura sobre a aprendizagem eficaz da matemática indígena utiliza entendimentos datados de identidade e cultura (por exemplo, Harris, 1984) e não leva em consideração as realidades da vida indígena atual, onde a matemática envolve folhas de cálculo e listas de compras. Dizer que esta matemática da vida real é propriedade e autoria apenas dos povos não indígenas e que existe outra matemática mais "real" para os aborígenes é uma distorção das nossas vidas e cultura. A situação é semelhante à referida por Ah Kee (2004) sobre a língua: para os Blackfellas, o inglês é a nossa segunda língua; apenas não sabemos a nossa primeira língua. E isso não é culpa nossa na forma como vivemos a nossa vida, esta existência urbana é a nossa segunda cultura e só podemos usar a sensibilidade que temos como aborígenes urbanos para exprimir o que somos. Da mesma forma que Ah Kee argumenta que não é possível fingir que o inglês não existe para ele ou que não pode ser utilizado por ele, apesar de não ser a sua língua materna, os quadros matemáticos indígenas podem não ser necessariamente distinguíveis da chamada matemática ocidental. A distinção que tem de ser feita é o significado que é atribuído aos quadros e a forma como são aplicados; é isto que dá à matemática um contexto indígena.

2.2.1 Matemática e aprendizagem dos alunos aborígenes

O termo "aborígene", segundo o dicionário Webster, é definido como um habitante de um lugar, que habita ou existe numa terra desde os tempos mais remotos ou antes da chegada dos colonos (nativo, indigena, aborígene, local, habitante original). Por conseguinte, toda a educação, incluindo a educação matemática, deve ser um "lugar de pertença" para os alunos aborígenes. Os alunos aborígenes precisam de sentir que as escolas lhes pertencem tanto como a qualquer outra criança. O sucesso escolar dos alunos aborígenes depende da "adequação cultural, do desenvolvimento das competências necessárias e de níveis adequados de participação" (Elson-Green, 1999, p. 12). Para que os alunos aborígenes atinjam o seu potencial, é importante que a cultura e a língua aborígenes sejam aceites na sala de aula e que os alunos tenham um sentimento de pertença (Matthews et al., 2003). O desenvolvimento de uma compreensão e apreciação partilhadas das crenças dos grupos culturalmente diversos envolvidos na aprendizagem da Matemática pode ajudar a diminuir o conflito cultural na sala de aula de Matemática e a dar mais atenção ao potencial de aprendizagem dos alunos aborígenes. Pais, professores e alunos precisam de se unir para desenvolver e implementar estratégias curriculares e de ensino relevantes que utilizem e valorizem os conhecimentos e valores dos povos aborígenes (Howard, Perry, & Butcher, 2007).

A identidade cultural é uma questão importante para os aborígenes. Independentemente do local onde vive uma criança aborígene, é provável que ela se identifique com aspectos da cultura aborígene. A identidade é pessoal e evolui à medida que os indivíduos crescem no conhecimento dos seus antecedentes culturais e à medida que reagem a diferentes lugares e circunstâncias. Howard (2001) referiu as crenças dos aborígenes sobre a matemática, o ensino da matemática e a aprendizagem da matemática. A identificação e o relato destas crenças matemáticas ajudam a informar os professores e as comunidades aborígenes sobre as reformas necessárias no ensino da Matemática para melhorar a aprendizagem matemática dos alunos aborígenes. A aprendizagem da Matemática é um processo de interação sociocultural (Sfard & Prusak, 2005).

Todos os alunos, aborígenes e não aborígenes, enfrentarão conflitos culturais nas suas aulas de Matemática. Para os alunos aborígenes, esse conflito cultural pode ocorrer através das estratégias de ensino utilizadas, da falta de relevância das actividades matemáticas, da confusão na linguagem matemática utilizada ou da falta de consciência das questões sociais, culturais e históricas que os alunos aborígenes trazem para a sala de aula de Matemática. Os professores têm de tomar consciência e apreciar a diversidade cultural e, consequentemente, os conflitos culturais que podem ocorrer entre professores, alunos, pais e conteúdos curriculares. Precisam de compreender a origem dos conflitos escolares dos alunos aborígenes, a fim de implementar uma pedagogia eficaz. Um currículo adequado pode melhorar os resultados matemáticos dos alunos aborígenes através da sua relevância, da apreciação da complexidade da linguagem matemática e da apresentação de actividades práticas de aprendizagem da matemática (Howard & Perry, 2005).

2.3.0 ESTUDOS SOBRE A MATEMÁTICA MODERNA E A MATEMÁTICA DAS DIFERENTES CULTURAS

Cultura, Matemática e Educação Matemática

O discurso profissional e a literatura relacionados com a cultura, a Matemática e o ensino da Matemática podem ser caracterizados pelos seguintes domínios de estudo: cultura e Matemática, cultura e ensino da Matemática e efeitos da cultura no desempenho em Matemática.

2.3.1 Cultura e Matemática

Muitos estudiosos consideram que a atividade matemática é altamente cultural. Os tópicos de estudo incluem:

> A natureza cultural da Matemática. Dossey (1992) afirma que os matemáticos não estão de acordo sobre a natureza da Matemática, debatendo se ela está ou não ligada à cultura ("internalistas") ou livre de cultura ("externalistas"). Os internalistas, como Alan Bishop (1976, 1983, 1986 e 1988), acreditam, nas palavras de Bishop, que a Matemática é "um produto cultural que se desenvolveu como resultado de várias actividades" e que contar, localizar, medir, desenhar, jogar e explicar fazem parte desse produto cultural. Outros, incluindo os críticos da Etnomatemática, são externalistas e acreditam que:

> O pensamento matemático é praticamente isento de cultura.

> O pensamento matemático noutras culturas. Um conjunto de investigações antropológicas centra-se em grande medida no pensamento matemático intuitivo desenvolvido em culturas com pouca instrução. Estes estudos examinaram populações que variam desde os povos nativos da Austrália, África, Ilhas do Pacífico e América do Norte até aos trabalhadores da construção civil no Brasil. Este trabalho é enumerado e resumido em Barton (1994).

> História cultural da Matemática. Os estudos nesta área tentam identificar as contribuições matemáticas históricas de diferentes culturas em todo o mundo. Os primeiros exemplos incluem a revisão de D'Ambrosio (1980) da evolução da Matemática e o seu apelo à incorporação da Etnomatemática na história da Matemática (D'Ambrosio, 1985).

> Política da Matemática. Estes trabalhos, como o ensaio de Bishop (1990) sobre a poderosa influência da Matemática Ocidental e a discussão de D'Ambrosio (1990) sobre o papel da Matemática na construção de sociedades democráticas e justas, analisam o modo como a Matemática tem afetado áreas não académicas da sociedade.

2.3.2 Cultura e educação matemática

A educação matemática pode refletir e influenciar a dinâmica política e social de uma cultura. Os tópicos desta rubrica incluem:

- Aprendizagem da Matemática noutras culturas: Este conjunto de textos centra-se na importância da utilização de contextos culturalmente específicos no ensino e na aprendizagem da Matemática, incluindo

a. Utilizar exemplos relevantes da própria cultura do aluno; e
b. Expor os alunos a uma variedade de contextos culturais (multiculturalismo). Os exemplos da primeira categoria incluem tornar os currículos de Matemática mais acessíveis aos nativos americanos, afro-americanos e hispano-americanos. Os exemplos da segunda categoria incluem a utilização de literatura infantil multicultural para ensinar Matemática e a integração dos princípios

da Etnomatemática nas salas de aula do ensino básico e secundário.

- Cognição situada, incluindo a linguagem e o bilinguismo: Esta investigação centra-se na influência da cultura na aprendizagem da Matemática. A cognição situada refere-se à Matemática intuitiva necessária para tarefas específicas e não à Matemática formalizada e codificada aprendida na escola. Nesta linha, os investigadores têm estudado grupos tão variados como os vendedores de doces brasileiros (Saxe, 1988) e os produtores de leite americanos (Schribner, 1984). Os estudos sobre o efeito do bilinguismo na aprendizagem da Matemática também se enquadram neste tópico.
- Efeitos sociais do ensino da Matemática: Esta investigação inclui, por exemplo, trabalhos que examinam questões como a forma como a Matemática pode ser utilizada para criar e revelar poder e opressão - a teoria da pedagogia crítica da Matemática de Frankenstein (1997) - e o currículo Matemática e Sociedade de Abraham e Bibby (1988).
- Relações entre a Matemática e a educação matemática: Os trabalhos sobre a integração da etnomatemática e a preparação dos professores (Presmeg, 1998) e sobre as relações entre a perceção que os afro-americanos têm da matemática e a sua motivação para aprender matemática (Walker e McCoy, 1997) inserem-se nesta rubrica.

2.3.2.1 A língua como um aspeto da cultura

Escusado será dizer que a compreensão de conceitos-chave em matemática e ciências é fundamental para o ensino e a aprendizagem destas disciplinas. A investigação confirma que uma das dimensões fundamentais para a compreensão dos conceitos é a linguagem. A linguagem pode ser simultaneamente um apoio e um obstáculo à aprendizagem da matemática pelos alunos. Quando os alunos têm fluência suficiente no registo matemático para poderem discutir as suas ideias, tornam-se chefes capazes de pensar matematicamente. No entanto, aprender o registo matemático de uma língua indígena não é um exercício simples e envolve muitos desafios não só para os alunos, mas também para os seus professores e para a comunidade em geral.

A relação íntima entre a língua e a compreensão dos conceitos está bem documentada. Young, van der Vlugt e Qanya (2004) sugerem que este problema pode ser abordado a dois níveis inter-relacionados:

(a) Compreensão e utilização de conceitos, e

(b) contextos e formas linguísticos/discursivos em que estes conceitos se inserem.

A noção de literacia concetual que enquadrou o desenvolvimento do livro de recursos multilingue pode ser descrita como "a compreensão, através da leitura, da escrita e da utilização adequada, de termos e conceitos específicos da área de aprendizagem básica nos seus contextos linguísticos" (Young et al., 2004). Kilpatrick, Swafford e Findell (2001) descrevem a compreensão concetual como uma componente crítica da proficiência matemática que é necessária para que qualquer pessoa possa aprender Matemática com sucesso. A compreensão concetual implica uma compreensão do conhecimento que não gira apenas em torno de factos isolados, mas inclui uma compreensão dos diferentes contextos que enquadram e informam esses factos.

Kilpatrick et al. (2001) sugerem que "os alunos com compreensão concetual organizaram os seus conhecimentos num todo coerente, o que lhes permite aprender novas ideias ligando essas ideias ao que já sabem" (p.118). A estrutura de vertentes entrelaçadas de proficiência matemática no modelo de Kilpatrick identifica a compreensão concetual como uma das vertentes que é essencial para o desenvolvimento da compreensão de conceitos, operações e relações matemáticas. Mas o que é um conceito? A ideia de um conceito é controversa e difícil de definir. Vai desde uma ideia ou construção pessoal até uma afirmação universal e genérica.

A definição que está na base do desenvolvimento do livro de recursos multilingue em análise sugere que um conceito é uma "imagem mental que tem um significado padrão e universalmente aceite" (Young et al., 2004).

Do mesmo modo, a noção de literacia é difícil de definir, uma vez que já não se refere apenas à capacidade de ler e escrever. Young et al. (2004) defendem que a literacia implica uma capacidade de reconhecer, reproduzir e manipular as convenções do texto, falado e escrito, partilhadas por uma determinada comunidade. Por conseguinte, a literacia concetual realça a interação entre o contexto e o conteúdo. Trata-se de um processo dinâmico que se altera ao longo do tempo, à medida que o conceito é interiorizado e compreendido. De uma perspetiva vygotskiana e construtivista, isto implica que a literacia concetual envolve a modificação de concepções e experiências anteriores.

A proficiência linguística é, naturalmente, fundamental para este processo. Young et al. (2004) argumentam corretamente que, por conseguinte, é provável que a modificação do conhecimento prévio de uma pessoa que está a aprender numa língua adicional (uma língua diferente da primeira língua) possa ser problemática, particularmente se a pessoa não for proficiente nessa língua adicional. Embora Kilpatrick et al. (2001) sugiram que a compreensão concetual "não precisa de ser explícita" (p.118), afirma-se que a verbalização, e portanto a linguagem, é um fator-chave na compreensão concetual. A linguagem e a compreensão concetual são inseparáveis. Assim, é importante que, para um ensino eficaz dos conceitos matemáticos, exista um registo matemático partilhado na língua de ensino.

Embora existam muitos factores envolvidos na oferta de um ensino básico de qualidade, a língua é claramente a chave para a comunicação e a compreensão na sala de aula. Muitos países em desenvolvimento caracterizam-se pelo multilinguismo individual e social, mas continuam a permitir que uma única língua estrangeira domine o sector da educação. O ensino através de uma língua que os alunos não falam tem sido chamado de "submersão" (Skutnabb-Kangas 2000) porque é análogo a manter os alunos debaixo de água sem os ensinar a nadar. Combinada com dificuldades crónicas, tais como baixos níveis de formação de professores, currículos mal concebidos e inadequados e falta de instalações escolares adequadas, a submersão torna a aprendizagem e o ensino extremamente difíceis, particularmente quando a língua de instrução também é estrangeira para o professor.

Os programas bilingues baseados na língua materna utilizam a primeira língua do aluno, conhecida como L1, para ensinar competências iniciais de leitura e escrita, juntamente com conteúdos académicos. A segunda língua ou língua estrangeira, conhecida como L2, deve ser ensinada sistematicamente para que os alunos possam transferir gradualmente as competências da língua familiar para a língua não familiar. Os modelos e práticas bilingues variam, tal como os seus resultados, mas o que têm em comum é a utilização da língua materna, pelo menos nos primeiros anos, para que os alunos possam adquirir e desenvolver competências de literacia, para além de compreenderem e participarem na sala de aula. O ensino bilingue, por oposição ao monolingue, oferece vantagens pedagógicas significativas que têm sido consistentemente referidas na literatura académica (ver análises em Baker 2001; Cummins 2000; CAL 2001):

- ♦ A utilização de uma língua familiar para ensinar os primeiros anos de literacia facilita a compreensão da correspondência som-símbolo ou significado-símbolo. A aprendizagem da leitura é mais eficaz quando os alunos conhecem a língua e podem utilizar estratégias psicolinguísticas de adivinhação; do mesmo modo, os alunos podem comunicar através da escrita logo que compreendam as regras do sistema ortográfico (ou outro sistema escrito) da sua língua. Em contraste, os programas de submersão podem ser bem sucedidos em ensinar os alunos a descodificar palavras na L2, mas pode levar anos até que descubram o significado do que estão a "ler".
- ♦ Uma vez que o ensino da área de conteúdo é ministrado na L1, a aprendizagem de novos conceitos não é adiada até que as crianças se tornem competentes na L2. Ao contrário do ensino por submersão, que se caracteriza muitas vezes por aulas expositivas e respostas mecânicas, o ensino bilingue permite que professores e alunos interajam naturalmente e negoceiem significados em conjunto, criando ambientes de aprendizagem participativos que são propícios ao desenvolvimento cognitivo e linguístico.
- ♦ O ensino explícito da L2, começando pelas competências orais, permite que os alunos aprendam a nova língua através da comunicação e não da memorização. No ensino por submersão, os professores são muitas vezes forçados a traduzir ou a trocar de código para transmitir o significado, tornando a aprendizagem de conceitos ineficiente e até impedindo a aprendizagem da língua, enquanto os programas bilingues permitem o ensino sistemático da L2.

A transferência de competências linguísticas e cognitivas é facilitada nos programas bilingues. Quando os alunos têm competências básicas de literacia na L1 e competências comunicativas na L2, podem começar a ler e a escrever na L2, transferindo eficazmente as competências de literacia que adquiriram na língua familiar. Os princípios pedagógicos subjacentes a esta transferência positiva de competências são a teoria da interdependência de Cummins (1991, 1999) e o conceito de proficiência subjacente comum, segundo o qual o conhecimento da língua, a literacia e os conceitos aprendidos na L1 podem ser acedidos e utilizados na segunda língua, uma vez desenvolvidas as competências orais da L2, não sendo necessária uma reaprendizagem.

2.3.2.2 O impacto da língua no ensino e na aprendizagem da matemática

A importância e o impacto da língua na aprendizagem e no ensino da matemática são há muito reconhecidos pela literatura de investigação (Howie 2002, 2003, 2004; Boulet 2007; Essien 2010; Barwell 2009; Setati 2008). Com base na sua análise do fraco desempenho dos alunos sul-africanos na componente matemática do Terceiro Estudo Internacional de Matemática e Ciências (TIMSS), Howie (2002, 2003, 2004) sugeriu que o principal fator responsável pelo fraco desempenho dos alunos sul-africanos se devia à baixa proficiência em língua inglesa e sugeriu que a solução para este problema só poderia ser o desenvolvimento da proficiência em língua inglesa dos alunos.

Além disso, a autora argumenta que os alunos que falam mais frequentemente a língua que é utilizada nas avaliações têm mais probabilidades de obter resultados mais elevados em matemática. E se a sua proficiência linguística for maior, é provável que os alunos também obtenham resultados mais elevados em Matemática. As iniciativas curriculares actuais em matemática apelam ao desenvolvimento de comunidades de sala de aula que têm como foco central a comunicação sobre a matemática. Nestas propostas, o discurso matemático que envolve a explicação, a argumentação e a defesa de ideias matemáticas torna-se uma caraterística definidora da qualidade da experiência na sala de aula (Anthony & Walshaw, 2008). As investigações de Boulet (2007) no domínio da educação matemática concordam e incentivam os professores a envolver os alunos em discussões matemáticas, uma vez que a comunicação é essencial para a aprendizagem da matemática. Especificamente na perspetiva da aprendizagem da matemática, ao articular os princípios, os conceitos e a lógica subjacentes às etapas de uma determinada solução de um problema, os alunos têm a oportunidade de reforçar e aprofundar a sua compreensão das estruturas de conhecimento de nível superior do conteúdo matemático. Existem também vários relatórios de investigação que apoiam o ponto de vista de que a ineficiência linguística conduz invariavelmente a um fraco desempenho académico (Oluikpe, 1979; Ayodele, 1988; Falayajo, 1997; Onukaogu e Arua, 1997; Onukaogu, 2002).

Além disso, Moschokvich (1999) defende que as funções importantes da sala de aula produtiva são descobrir o conteúdo matemático na contribuição dos alunos e pôr em contacto diferentes formas de falar e pontos de vista. A autora explica ainda que, em muitas salas de aula de matemática, os alunos já não se debatem principalmente com a aquisição de vocabulário técnico, com o desenvolvimento de competências de compreensão para ler e compreender manuais de matemática ou com a resolução de problemas-padrão. Espera-se agora que os alunos participem em práticas verbais e escritas, como a explicação do processo de resolução, a descrição de conjecturas, a prova de conclusões e a apresentação de argumentos.

No entanto, existem dificuldades ou inconvenientes que podem dificultar o bom funcionamento da comunicação nas salas de aula. Isto pode impedir definitivamente os alunos de acederem a aspectos e conceitos importantes da matemática ou de exprimirem as suas ideias. A maioria dos nossos alunos não fala inglês como primeira língua, embora o inglês seja utilizado como meio de ensino nas nossas escolas, pelo que a ênfase na correção do vocabulário ou dos erros gramaticais no que os alunos dizem e a variedade de formas que os alunos que estão a aprender inglês utilizam pode tornar-se problemática na aquisição da matemática pelos alunos.

O estudo efectuado por Essien (2010) revela que, em qualquer sala de aula, o professor desempenha um papel fundamental na gestão da comunicação na sala de aula. O autor argumenta ainda que as perguntas bem estruturadas (ao contrário das perguntas processuais que exigem respostas processuais) podem provocar um diálogo alargado na sala de aula, criando assim oportunidades para uma participação significativa dos alunos. Além disso, o estudo mostra que a capacidade do professor para utilizar os recursos linguísticos dos alunos, um dos quais é a estruturação de perguntas que permitam aos alunos exprimir suficientemente o seu pensamento, é, por conseguinte, importante para criar um ambiente de sala de aula em que os alunos participem efetivamente na criação e na promoção do seu próprio conhecimento. Walshaw & Anthony (2009) defendem este ponto, argumentando que os professores eficazes facilitam o diálogo na sala de aula, centrado na argumentação matemática. Desenvolvem esta ideia dizendo que os alunos precisam de ser ensinados a articular explicações matemáticas sólidas e a justificar as suas soluções.

Além disso, incentivando a utilização de representações orais, escritas e concretas, os professores eficazes modelam o processo de explicação e justificação, orientando os alunos para as convenções matemáticas.

2.3.3 A língua materna e o seu efeito na aprendizagem da Matemática

Akinbote e Ogunsanwo (2003) opinaram que o uso da língua materna no processo de ensino e aprendizagem nos primeiros anos ajuda, não só a preservar e valorizar a cultura de cada um, mas também a desenvolvê-la lexicalmente. Estes investigadores acreditam que um cidadão que seja alfabetizado, mesmo que apenas na língua materna, estará suficientemente equipado para viver uma vida útil num mundo em rápida mudança. Assim, se se pretende promover a literacia permanente, deve ser encorajada a utilização da língua materna como meio de ensino nas escolas. A língua materna é, portanto, definida como a língua que um grupo de pessoas consideradas habitantes de uma área adquiriu nos primeiros anos e que, eventualmente, se torna o seu instrumento natural de pensamento e comunicação (Awoniyi, 1978).

A língua materna é a primeira língua que uma pessoa aprendeu. De acordo com este ponto de vista, a pessoa é definida como falante nativo da primeira língua, embora também possa ser falante nativo de mais do que uma língua se todas as línguas tiverem sido aprendidas sem educação formal, como por exemplo através da imersão cultural antes da puberdade. Muitas vezes, uma criança aprende as bases da(s) sua(s) primeira(s) língua(s) com a família (Wikipedia, 2007). Por conseguinte, é geralmente aceite que, nos processos de ensino e aprendizagem, a língua materna da criança é da maior importância. Por um lado, categoriza uma grande parte do ambiente da criança, ou seja, tem nomes para a maioria dos objectos, acções, ideias, atributos, etc., que são tão importantes para ela, bem como para qualquer sociedade. Atualmente, em muitos países em vias de desenvolvimento, esta é a língua local ou a língua do anterior poder colorante. A língua materna é o ambiente da criança e é a base natural sobre a qual as competências verbais podem ser construídas, as crianças aprendem através da comunicação numa língua que compreendem.

Foi o reconhecimento da importância e dos contributos da língua materna para a educação que fez com que o Ministério Federal da Educação, em colaboração com outras agências estatutárias educacionais, incluísse na Política Nacional de Educação publicada em 1977, revista em 1981, a utilização da língua materna como meio de ensino, especialmente ao nível pré-primário e primário em todo o país. De acordo com a Política Nacional de Educação publicada em 1977 e revista em 1981, a Secção 2(ii) afirma que: "O Governo assegurará que o meio de instrução seja principalmente a língua materna ou a língua da comunidade imediata". A importância da língua nigeriana no processo educativo é afirmada na secção 1: "Para além de apreciar a importância da língua no processo educativo, e como meio de preservar a cultura do povo, o governo considera que é do interesse da unidade nacional que cada criança seja encorajada a aprender uma das três línguas principais para além da sua língua materna".

A língua materna é, portanto, uma parte da cultura nigeriana; transmite a cultura e ela própria está sujeita a atitudes e crenças culturalmente condicionadas (Awoniyi, 1975). Os resultados positivos da experiência do ensino da língua materna em ioruba, realizada na então Universidade de Ife, demonstraram empiricamente as grandes vantagens da língua materna no ensino primário para o sucesso escolar (Bamgbose, 1984) e mesmo para o domínio bem sucedido do inglês como segunda língua. Uma perspetiva sociocultural na sala de aula de matemática, com uma visão destes alunos como alunos bilingues e de segunda língua, com recursos e experiências para aprender matemática, e uma ênfase na sua participação em práticas discursivas, poderia capacitá-los, bem como enriquecer os pontos de vista sobre a relação entre a língua e a aprendizagem da matemática.

Como escreve Moschkovich (2007), uma perspetiva sociocultural afasta-se dos modelos deficientes dos alunos bilingues e, em vez disso, concentra-se na descrição dos recursos que os alunos bilingues utilizam para comunicar matematicamente. Sem esta mudança, teremos uma visão limitada destes alunos e conceberemos um ensino que negligencia as competências que eles trazem para as salas de aula de matemática. Muitos alunos gostavam e apreciavam o facto de poderem falar e utilizar as suas duas línguas quando aprendiam matemática. Se não soubessem "as palavras" numa língua, podiam dizê-las na outra língua, o professor ou um colega da escola podia dizer-lhes. Muitas vezes, aprendiam a comunicar e a utilizar palavras em ambas as línguas para os conceitos matemáticos. O nível atual das situações matemáticas pode mudar se os alunos forem autorizados a usar a sua língua materna e tiverem um professor de matemática bilingue a ensiná-los. Os professores bilingues devem usar sobretudo a língua materna para explicar e utilizar expressões vernáculas usadas na vida quotidiana.

Os professores bilingues, como seria de esperar, devem considerar as primeiras línguas dos alunos como recursos para a construção do conhecimento matemático e para a comunicação matemática. Uma vez que os professores são de origem imigrante, a maior parte da sua educação é efectuada nos seus países de origem. Pode ser difícil ter consciência da complexidade da situação, quando alguém tem de aprender numa língua que não é a sua primeira. Uma vez que os professores tinham a mesma língua e o mesmo contexto cultural que os seus alunos, poderão basear-se nas suas próprias experiências anteriores e nas dos alunos, e utilizar as perspectivas do code-switching e da etnomatemática (D'Ambrosio 1997) como ferramentas para o ensino e a aprendizagem da matemática. Os professores ou os alunos poderiam ter dito o mesmo que Setati (Barwell & Setati 2005) expressou, num diálogo com Barwell, ao dizer: "Sempre que me deparo com uma matemática que não faz sentido para mim, recorro aos meus recursos sociais, culturais e linguísticos para a compreender". **2.3.4 Efeitos da cultura na aprendizagem da matemática**

Os investigadores têm procurado identificar os factores culturais que podem explicar as diferenças no desempenho e nas atitudes em Matemática, investigando as diferenças entre as linhas de origem nacional, etnia e género. Este conjunto de investigações identificou as seguintes influências culturais gerais no desempenho e nas disposições em Matemática:

- Meios de comunicação social populares: Os meios de comunicação social moldam e reforçam as crenças populares sobre as diferenças étnicas e de género nas capacidades e realizações matemáticas (Leder, 1992; Malloy, 1997).
- Os pais: As expectativas dos pais mostram consistentemente fortes efeitos no desempenho e nas atitudes dos alunos. Isto reflecte-se no trabalho que contrasta as crenças dos pais asiáticos de que o esforço resulta num desempenho bem sucedido com a crença dos pais americanos de que a capacidade inata afecta em grande medida o desempenho (Stevenson, 1987) e uma vasta gama de outros trabalhos que examinam as atitudes e expectativas dos pais.
- Os professores: As comparações interculturais dos currículos e das rotinas de ensino revelam expectativas muito diferentes em relação ao desempenho e às capacidades dos alunos. Para citar apenas um exemplo, Zhonghong e Eggleton (1995) descobriram que os currículos de Matemática nos Estados Unidos revelam baixas expectativas de desempenho, enquanto os currículos chineses desafiam os seus alunos. Noutra linha, Bradley (1984) observou que muitos estudantes nativos americanos tinham um vasto conhecimento de Matemática profundamente enraizado na sua cultura e tradições; poucos professores, no entanto, aproveitaram este reservatório de conhecimento tradicional (Kawagley, 1990; Pomeroy, 1988). Leder (1992) documentou diferenças subtis na forma como os professores interagiam com alunos do sexo masculino e feminino nas salas de aula de Matemática.
- As crenças dos próprios alunos: A investigação conclui de forma consistente que as atitudes e crenças dos alunos diferem muitas vezes de forma que reflectem uma herança cultural variável, uma observação que não é surpreendente, considerando que a herança cultural e as crenças e atitudes dos pais moldam as crenças e atitudes dos alunos.
- Língua: Os investigadores examinaram a forma como as diferenças linguísticas dos alunos chineses (Geary et al., 1996), espanhóis (Valverde, 1984) e nativos americanos (Moore, 1994) ajudaram ou prejudicaram a sua aprendizagem de conceitos matemáticos.

De acordo com U. D'Ambrosio (2001), os professores e o público em geral não costumam dizer que a Matemática e a cultura estão ligadas. Quando os professores reconhecem que existe uma ligação, muitas vezes envolvem os seus alunos em actividades multiculturais apenas a título de curiosidade. Essas actividades referem-se geralmente ao passado de uma cultura e a culturas muito distantes da das crianças da turma. Esta situação ocorre porque os professores podem não compreender como a cultura se relaciona com as crianças e a sua aprendizagem. Uma componente importante da educação matemática atual deveria ser reafirmar e, em alguns casos, restaurar a dignidade cultural das crianças. Embora as actividades multiculturais de Matemática sejam importantes, não devem ser o nosso objetivo final. À medida que os nossos alunos experimentam actividades matemáticas multiculturais que reflectem o conhecimento e os comportamentos de pessoas de ambientes culturais diversos, podem não só aprender a valorizar a Matemática mas, igualmente importante, podem desenvolver um maior respeito por aqueles que são diferentes de si próprios. Adquirir estas competências mantendo a dignidade cultural e estar preparado para uma participação plena na sociedade exige mais do que aquilo que é oferecido num currículo tradicional.

Grande parte do currículo atual está tão desligado da realidade da criança que lhe é impossível participar plenamente nele. A Matemática em muitas salas de aula não tem praticamente nada a ver com o mundo que as crianças estão a viver. Tal como a literacia passou a significar muito mais do que ler e escrever, a Matemática também deve ser pensada como mais do que, e de facto diferente de, contar, calcular, ordenar ou comparar. As crianças de hoje vivem numa civilização dominada pela tecnologia de base matemática e por meios de comunicação sem precedentes. Grande parte do conteúdo dos actuais programas de Matemática pouco faz para ajudar os alunos a aprenderem a informação e as competências necessárias para funcionarem com sucesso neste novo mundo. É importante reconhecer que os alunos e os pais têm uma expetativa real de que a escola irá melhorar as oportunidades de emprego. Esta exigência significa que os educadores devem compreender a evolução do mercado de trabalho. Como afirma Forrester (1999), estamos sobretudo a preparar os alunos para empregos que não existirão no futuro.

Robert B. Reich (1992) dá uma imagem muito clara das futuras oportunidades de emprego. Este quadro inclui a necessidade de uma força de trabalho tecnologicamente capaz, cujos membros participem na economia global e sejam capazes de criar soluções para problemas que atualmente não existem com tecnologias que ainda não foram inventadas. O objetivo do ensino da Matemática deve ser o de promover a capacidade dos alunos para utilizarem com êxito a tecnologia moderna para resolverem problemas e comunicarem o seu pensamento e as suas respostas, à medida que tomam consciência das capacidades e limitações dos instrumentos tecnológicos. Podemos ajudar os alunos a realizar todo o seu potencial matemático, reconhecendo a importância da cultura para a identidade da criança e o modo como a cultura afecta a forma como as crianças pensam e aprendem.

Temos de ensinar as crianças a valorizar a diversidade na sala de aula de Matemática e a compreender a influência que a cultura tem na Matemática e como essa influência resulta em diferentes formas de utilização e comunicação da Matemática. Esta compreensão é obtida através do estudo da Etnomatemática. A Etnomatemática encoraja-nos a testemunhar e a lutar para compreender como a Matemática continua a ser culturalmente adaptada e utilizada por pessoas de todo o planeta e ao longo dos tempos.

Tradicionalmente, nas salas de aula de Matemática, a relevância da cultura tem estado estranhamente ausente do conteúdo e do ensino. O resultado é que muitos alunos e professores acreditam, sem questionar, que não existe qualquer ligação entre a Matemática e a cultura. Não considerando outras possibilidades, acreditam que a Matemática é cultural, uma disciplina sem significado cultural. Esta perspetiva cultural da Matemática reflecte-se no ensino de várias formas. Primeiro, em muitas salas de aula, não é permitido aos alunos construir uma compreensão pessoal da Matemática que é apresentada. Os valores, tradições, crenças, linguagem e hábitos que reflectem a cultura dos alunos são ignorados. Nestas situações, não são respeitadas as formas como as crianças podem inventar conceptualizações com significado pessoal.

Espera-se que as crianças assimilem os procedimentos prescritos de forma mecânica, sem necessariamente adquirirem uma compreensão mais profunda e concetualmente significativa da Matemática que estão a estudar. Infelizmente, este estilo de ensino restringe a aprendizagem ao período de tempo durante o qual os alunos se lembram exatamente dos procedimentos. A aplicação da aprendizagem é também muitas vezes específica do contexto e pouco generalizada, porque se limita aos tipos de problemas praticados quando os procedimentos foram ensinados. Os alunos devem ser encorajados a construir compreensões matemáticas pessoais e a serem capazes de explicar o seu trabalho. Quando as caraterísticas culturais da invenção, experiência e aplicação da Matemática pelas crianças são percebidas e respeitadas, estes alunos assemelham-se mais aos matemáticos em formação que desejamos.

Um currículo matemático cultural também distorce os factos que as crianças aprendem sobre como a Matemática evoluiu e quem contribuiu para essa evolução. Os contributos históricos que são descritos são frequentemente eurocêntricos, prestando homenagem aos gregos de pele clara como os fornecedores da maior parte do nosso conhecimento matemático significativo. Raramente se ensina às crianças que vários dos antigos matemáticos gregos, por exemplo, Pitágoras e Tales, o lendário fundador da matemática grega, viajaram e estudaram em locais como a Índia e o Norte de África, onde adquiriram grande parte dos seus conhecimentos matemáticos. Os alunos sabem pouco sobre as invenções ou aplicações matemáticas de povos não europeus tão antigos como os egípcios, os babilónios, os maias e os incas, para citar apenas alguns, porque muitas vezes não lhes foi ensinado que muitas culturas contribuíram para o desenvolvimento da Matemática, culturas com membros que eram certamente inteligentes, engenhosos e criativos. Esta instrução incorrecta induz todas as crianças em erro sobre a riqueza da história da Matemática e, de certa forma, sobre os povos que povoaram este planeta.

As crianças de cor, enquanto grupo, não obtiveram o mesmo nível de sucesso matemático que os alunos europeus americanos nas nossas salas de aula e estão frequentemente sub-representadas nos cursos de Matemática de nível superior e nas profissões que exigem competências matemáticas significativas. Para estas crianças, o efeito desta desinformação pode ser particularmente devastador. Muitas destas crianças simplesmente não se apercebem de que são matematicamente capazes e que possuem, de facto, uma longa e rica herança matemática.

A matemática é uma compilação de descobertas e invenções progressivas de culturas de todo o mundo ao longo da história. A sua história e etnografia formam um maravilhoso mosaico de contributos culturais. Hoje, também nós estamos a desempenhar um papel na evolução da disciplina da Matemática. É altura de os educadores melhorarem a sua compreensão do papel que a cultura desempenhou e continua a desempenhar na formação do desenvolvimento matemático. É altura de os educadores capacitarem os seus alunos com este conhecimento vital.

2.3.5 A matemática das diferentes culturas

O objetivo desta área é apresentar as ideias matemáticas de pessoas que têm sido geralmente excluídas das discussões sobre a Matemática formal e académica. A investigação sobre a Matemática destas culturas indica dois pontos de vista ligeiramente contraditórios. O primeiro defende a objetividade da Matemática e que esta é algo descoberto e não construído. Os estudos revelam que todas as culturas têm métodos básicos de contagem, ordenação e decifração, e que estes surgiram independentemente em diferentes locais do mundo. Este facto pode ser utilizado para argumentar que estes conceitos matemáticos estão a ser descobertos e não criados.

No entanto, outros sublinham que a utilidade da Matemática é o que tende a esconder as suas construções culturais. Naturalmente, não é surpreendente que conceitos extremamente práticos como os números e a contagem tenham surgido em todas as culturas. No entanto, a universalidade destes conceitos parece mais difícil de sustentar à medida que cada vez mais investigação revela práticas tipicamente matemáticas, como contar, ordenar, classificar, medir e pesar, efectuadas de formas radicalmente diferentes. Um dos desafios enfrentados pelos investigadores nesta área é o facto de estarem limitados pelos seus próprios quadros matemáticos e culturais. As discussões sobre as ideias matemáticas de outras culturas são reconfiguradas num quadro ocidental para as identificar e compreender. Isto levanta a questão de saber quantas ideias matemáticas escapam à atenção simplesmente porque não têm equivalentes matemáticos ocidentais semelhantes, e de como traçar a linha de classificação dos jogos matemáticos de perícia. Uma enorme variedade de jogos que podem ser analisados matematicamente foram jogados em todo o mundo e ao longo da história.

O interesse do etnomatemático centra-se normalmente na forma como o jogo representa o pensamento matemático informal como parte da sociedade comum, mas por vezes estende-se à análise matemática dos jogos. Não inclui a análise cuidadosa de um bom jogo, mas pode incluir os aspectos sociais ou matemáticos dessa análise. Um jogo matemático bem conhecido na cultura europeia é o jogo do galo (jogo da velha). Trata-se de um jogo geométrico jogado num quadrado de 3 por 3; o objetivo é formar uma linha reta de três do mesmo símbolo. Existem muitos jogos semelhantes em todas as partes de Inglaterra, para citar apenas um país onde se encontram.

Outro tipo de jogo geométrico envolve objectos que se deslocam ou saltam uns sobre os outros dentro de uma forma específica (um "tabuleiro"). Pode haver capturas. O objetivo pode ser eliminar as peças do adversário ou simplesmente formar uma determinada configuração, por exemplo, dispor os objectos de acordo com uma regra. Um desses jogos é o Nine Men's Morris; tem inúmeros parentes em que o tabuleiro, a configuração ou as jogadas podem variar, por vezes drasticamente. Este tipo de jogo é adequado para ser jogado ao ar livre com pedras na terra, embora atualmente possa utilizar peças de plástico num tabuleiro de papel ou de madeira.

Um jogo matemático encontrado na África Ocidental consiste em desenhar uma determinada figura através de uma linha que nunca termina até fechar a figura, atingindo o ponto de partida (em terminologia matemática, trata-se de um caminho euleriano num gráfico). As crianças utilizam paus para os desenhar na terra ou na areia e, claro, o jogo pode ser jogado com caneta e papel. Os jogos de damas, xadrez, oware (e outros jogos de mancala) e Go podem também ser considerados como temas de Etnomatemática.

2.3.6 Educação Matemática

A Educação Matemática é composta por duas palavras: "Matemática" e "Educação". A Matemática (do grego mathema, "conhecimento, estudo, aprendizagem"), frequentemente abreviada para Matemática ou Matemática, é o estudo de temas como a quantidade (números), a estrutura, o espaço e a mudança. Há uma variedade de opiniões entre matemáticos e filósofos quanto ao âmbito e definição exactos da Matemática. Os matemáticos procuram padrões e utilizam-nos para formular novas conjecturas. Os matemáticos resolvem a verdade ou falsidade das conjecturas através de provas matemáticas. Quando as estruturas matemáticas são bons modelos de fenómenos reais, o raciocínio matemático pode fornecer informações ou previsões sobre a natureza. Através da utilização da abstração e da lógica, a matemática desenvolveu-se a partir da contagem, do cálculo, da medição e do estudo sistemático das formas e movimentos dos objectos físicos. A matemática prática tem sido uma atividade humana desde que existem registos escritos (Wikipedia, enciclopédia livre). A matemática também pode ser referida como a ciência que lida com a lógica da forma, quantidade e disposição. A matemática está à nossa volta, em tudo o que fazemos. É a base de tudo na nossa vida quotidiana, incluindo os dispositivos móveis, a arquitetura (antiga e moderna), a arte, o dinheiro, a engenharia e até o desporto (Ellaine J. H, 2013). Para um homem comum, a educação é um processo que dura toda a vida. Fafunwa (1980) considera a educação como a soma total de todos os processos através dos quais um indivíduo adquire e desenvolve competências, capacidades e outros conhecimentos técnicos, de modo a tornar-se um participante efetivo de um determinado grupo social. A educação é um fenómeno comportamental que diz respeito à aquisição de experiências, competências e aptidões que ajudam o homem a adaptar-se eficazmente ao ambiente. A educação é, por conseguinte, um meio de transmissão de atitudes, competências, capacidades, valores e cultura à geração seguinte.

Na educação contemporânea, a educação matemática é a prática do ensino e da aprendizagem da matemática, juntamente com a investigação académica que lhe está associada. Os investigadores em educação matemática preocupam-se principalmente com as ferramentas, os métodos e as abordagens que facilitam a prática ou o estudo da prática; no entanto, a investigação em educação matemática, conhecida no continente europeu como didática ou pedagogia da matemática, desenvolveu-se num vasto campo de estudo, com os seus próprios conceitos, teorias, métodos, organizações nacionais e internacionais, conferências e literatura. Segundo Paul Ernest (1991), a educação matemática entendida no seu sentido mais simples e concreto diz respeito à atividade ou prática do ensino da matemática.

Vários educadores matemáticos têm explorado formas de juntar a cultura e a Matemática na sala de aula, tais como: Barber e Estrin (1995) e Bradley (1984) sobre a educação dos nativos americanos, Gerdes (1988b e 2001) com sugestões para a utilização de arte e jogos africanos, Malloy (1997) sobre alunos afro-americanos e Flores (1997), que desenvolveu estratégias de instrução para alunos hispânicos. A etnomatemática e a educação matemática abordam, em primeiro lugar, o modo como os valores culturais podem afetar o ensino, a aprendizagem e o currículo e, em segundo lugar, o modo como a educação matemática pode afetar a dinâmica política e social de uma cultura. Uma das posições adoptadas por muitos educadores é a de que é crucial reconhecer o contexto cultural dos alunos de Matemática, ensinando Matemática com base cultural com que os alunos se possam relacionar. Será que o ensino da Matemática através da relevância cultural e das experiências pessoais pode ajudar os alunos a conhecerem melhor a realidade, a cultura, a sociedade e a si próprios (Robert ;2006).

Outra abordagem sugerida pelos educadores matemáticos consiste em expor os alunos à matemática de uma variedade de contextos culturais diferentes, frequentemente designada por matemática multicultural. Isto pode ser utilizado tanto para aumentar a consciência social dos alunos como para oferecer métodos alternativos de abordar operações matemáticas convencionais, como a multiplicação (Andrew; 2005). Assim, para ajudar a solidificar a ligação entre a Matemática e a cultura, os professores são encorajados a levar os seus alunos em visitas de estudo. Isto permitirá que os alunos interiorizem uma compreensão concetual.

2.4.1 ESTUDOS SOBRE A MATEMÁTICA MODERNA E A LITERACIA MATEMÁTICA

2.4.2 Literacia matemática

A literacia matemática proporciona aos alunos uma consciência e compreensão do papel que a matemática tem no mundo moderno. A literacia matemática é uma disciplina orientada para aplicações da matemática relacionadas com a vida. Permite aos alunos desenvolver a capacidade e a confiança para pensar numérica e espacialmente, a fim de interpretar e analisar criticamente situações do quotidiano e resolver problemas.

Na declaração curricular, o Ministério da Educação dá a sua definição de literacia matemática: A literacia matemática proporciona aos alunos uma consciência e compreensão do papel que a matemática desempenha no mundo moderno. A literacia matemática é uma disciplina orientada por aplicações da matemática relacionadas com a vida. Permite aos alunos desenvolver a capacidade e a confiança para pensar numérica e espacialmente, a fim de interpretar e analisar criticamente situações do quotidiano e resolver problemas.

2.4.3 O objetivo da literacia matemática

A literacia matemática, enquanto disciplina fundamental, garantirá que os cidadãos do futuro sejam consumidores de matemática altamente numéricos. No ensino e aprendizagem da literacia matemática, os alunos terão a oportunidade de se envolverem em problemas da vida real em diferentes contextos (ou seja, situações da vida real), consolidando e alargando assim as competências matemáticas básicas. A literacia matemática traduz-se, assim, na capacidade de compreender a terminologia matemática e de dar sentido à informação numérica e espacial comunicada em tabelas, gráficos, diagramas e textos.

A literacia matemática desenvolverá a utilização de competências matemáticas básicas na análise crítica de situações e na resolução criativa de problemas quotidianos. A literacia matemática dotará o aluno das competências necessárias para, por exemplo: fazer orçamentos, reembolsar e compreender empréstimos, dominar os juros e conceitos afins e gerir dinheiro. Os alunos serão confrontados com problemas da vida real em diferentes contextos, consolidando e alargando assim as competências matemáticas básicas. Os resultados de aprendizagem da literacia matemática destinam-se a permitir que os alunos lidem, com confiança, com a matemática que afecta as suas vidas e, assim, sejam adequadamente educados para o mundo moderno. Através da literacia matemática, os alunos que ingressam nas instituições de ensino superior terão adquirido uma literacia matemática que lhes permitirá lidar eficazmente com os requisitos matemáticos em disciplinas como as ciências sociais e da vida.

A literacia matemática deverá permitir que o aprendente se torne uma pessoa autónoma, um trabalhador que contribui e um cidadão participante numa democracia em desenvolvimento. A literacia matemática assegurará um alargamento da educação do aprendente que seja adequado ao mundo moderno, garantindo que os aprendentes sejam capazes de se tornar:

2.4.3.1 Uma pessoa autónoma

Na vida quotidiana, uma pessoa é continuamente confrontada com exigências matemáticas, que o adolescente e o adulto devem estar em condições de gerir com confiança. Estas exigências estão frequentemente relacionadas com questões financeiras, como a compra a prestações, as obrigações hipotecárias e os investimentos. Há, no entanto, outras, como a capacidade de ler um mapa, seguir horários, estimar e calcular áreas e volumes, compreender plantas de casas e modelos de costura. Actividades como a culinária e a utilização de medicamentos requerem uma utilização eficiente da razão e da proporção e são encontradas diariamente.

2.4.3.2 Um trabalhador que contribui

O local de trabalho exige a utilização de competências numéricas e espaciais fundamentais com compreensão. Isto significa frequentemente que é necessária uma compreensão flexível dos princípios matemáticos. Esta literacia deve permitir à pessoa, por exemplo, lidar com fórmulas relacionadas com o trabalho, ler gráficos estatísticos, lidar com horários e compreender instruções que envolvam componentes numéricos.

2.4.3.3 Um cidadão participante

Para ser um cidadão participativo numa democracia em desenvolvimento, é essencial que o adolescente e o adulto tenham adquirido uma posição crítica em relação aos argumentos matemáticos apresentados nos meios de comunicação social e noutras plataformas. O cidadão interessado precisa de estar consciente de que as estatísticas podem muitas vezes ser utilizadas para apoiar argumentos opostos, por exemplo, a favor e contra a utilização de uma área de terra ecologicamente sensível para fins mineiros. Na era da informação, o poder dos números e as formas matemáticas de pensar moldam frequentemente a política. A menos que o cidadão compreenda este facto, não estará em condições de votar de forma adequada. O cidadão deve ser capaz de se envolver de forma responsável em argumentos quantitativos relacionados com questões locais, nacionais e globais.

Em todo o mundo, há provas de que a Matemática aprendida na escola não é transferida para outros contextos. A presença generalizada de calculadoras portáteis e de computadores torna fundamental que as pessoas compreendam como interpretar os resultados dos cálculos e que sejam capazes de decidir logicamente qual a matemática a utilizar. A literacia matemática fornece o contexto, as oportunidades para analisar problemas e conceber formas de os resolver.

2.4.4 O que aprendem os alunos de literacia matemática

Os alunos de Literacia Matemática aprenderão a:

J Utilizar uma calculadora básica.
J Efetuar operações aritméticas elementares.
J Trabalhar com relações entre operações aritméticas.
J Trabalhar com fórmulas simples, incluindo fórmulas de perímetro, área e volume; e velocidade e tempo.
J Fazer estimativas e compará-las com a situação.
J Trabalhar e aplicar os conceitos de razão/proporção, percentagem e taxa.
J Determinar os valores de entrada e de saída das fórmulas (resolver equações).
J Determinar e traçar os pontos de diferentes gráficos.
J Interpretar informações e tendências comunicadas através de gráficos.
J Medir comprimentos, distâncias, volumes e massa (peso).
J Converter entre unidades de medida.
J Desenhar e interpretar desenhos à escala.
J Utilizar grelhas, escalas e mapas.
J Recolher informações para responder a perguntas.
J Organizar os dados através de registos e tabelas.
J Resumir os dados utilizando as medidas de média, mediana e moda.
J Representar dados utilizando vários gráficos de dados, incluindo gráficos de pizza, histogramas e gráficos de barras.
J Enumerar os possíveis resultados de um acontecimento.

J Estimar a probabilidade de diferentes resultados.
J Criticar as interpretações dos dados.
J Formular perguntas.
J Arredondar para cima, para baixo e para fora.
J Descrever as tendências.
J Trabalhar com relações lineares e constantes.
J Distinguir entre relações parciais e contínuas.
J Ler e interpretar informações apresentadas em tabelas.
J Antecipar o impacto dos juros.

2.4.5 A necessidade de literacia matemática

A literacia matemática permite que os indivíduos de uma dada sociedade tenham o conhecimento e a capacidade de:

- Planear as finanças pessoais, incluindo:
  J Compreender as receitas e as despesas para planear um orçamento de base
  J Reconhecer o impacto das taxas de juro.
  J Calcular as margens de lucro, as perdas e os pontos de equilíbrio em transacções simples.
  J Planear o reembolso de um empréstimo e prever os custos bancários associados.
  J Converter entre moedas.
  J Planear e programar eventos para cumprir prazos e exigências.
  J Compreender os custos dos serviços públicos, tais como água, eletricidade, esgotos e taxas.
- Desenvolver um plano de negócios.
- Escolha entre diferentes opções com base na sua relação qualidade/preço.
- Criticar artigos e anúncios nos meios de comunicação social com base em dados e ilustrados através de gráficos.
- Fazer escolhas de estilo de vida, tais como os alimentos que devem comer em relação à energia que utilizam no seu dia a dia.
- Calcular e interpretar indicadores de saúde, como o Índice de Massa Corporal (IMC).
- Ordenar e classificar itens de acordo com critérios.
- Ler mapas para planear viagens.
- Ler e elaborar projectos de estruturas simples.
- Compreender o papel e a finalidade das mudanças numa bicicleta.
- Calcular o tempo necessário para completar uma viagem.
- Antecipar quais os lugares no estádio que proporcionarão a melhor vista do jogo.
- Prever todos os resultados possíveis de um torneio desportivo e antecipar o vencedor mais provável.
- Compreender que os jogos de azar não têm padrões.
- Desenvolver argumentos baseados em factos e interpretações de factos.
- Utilizar os recursos de forma económica e responsável.

2.4.6 Diferença entre Matemática e Literacia Matemática

A literacia matemática centra-se no papel da matemática no mundo real, enquanto a matemática se centra na disciplina de matemática.

Na literacia matemática, são utilizados contextos actuais relevantes, enquanto na matemática moderna as aplicações são importantes, mas não têm de ser apenas contextos da vida real.

No caso da literacia matemática, apenas é necessária a matemática básica e são introduzidos alguns conceitos novos nos graus superiores. Na Matemática moderna, os conteúdos são alargados à medida que os alunos progridem de um ano para o outro.

Na literacia matemática, os contextos tornam-se mais complexos de ano para ano, enquanto que na matemática moderna tanto os conteúdos como os contextos se tornam mais complexos e avançados em cada ano

De acordo com o debate contínuo de Robyn Clark, as aulas de literacia matemática dão aos alunos a oportunidade de se tornarem adultos financeiramente responsáveis e matematicamente competentes. Olhando para a situação da dívida na África do Sul, podemos certamente ver que estas competências são extremamente necessárias. Devido à natureza altamente técnica e abstrata da Matemática Moderna, pode concluir-se que a Literacia Matemática é, na verdade, mais acessível em termos de utilização da língua do que a Matemática Moderna. Para a grande maioria dos alunos na África do Sul que são ensinados em inglês e não na sua língua materna, pode ser mais fácil para eles compreender a linguagem do dia a dia que a literacia matemática utiliza, em vez do jargão matemático altamente técnico que faz parte da matemática moderna.

2.5.1 Estudos sobre etnomatemática e literacia matemática

A literacia matemática é a capacidade de um indivíduo identificar e compreender o papel que a Matemática desempenha no mundo, fazer juízos bem fundamentados e usar e envolver-se com a Matemática de forma a satisfazer as necessidades da sua vida como cidadão construtivo, preocupado e respetivo (Watanabe e McGaw, 2004, p. 37). Esta especificação da literacia matemática implica claramente que esta foi agora explicitamente reconhecida como um direito básico de todas as crianças, permitindo-lhes participar na sociedade de uma forma construtiva, relevante e reflectida. O tema é recorrente nos ensaios de Alan Bishop, demonstrando a ligação entre Matemática, Etnomatemática, valores e política (cf., por exemplo, Bishop, 2002; Bishop et al., 2006). Devido ao facto de a Matemática ser tradicionalmente vista como não-normativa por excelência, a simples menção da educação matemática e da educação para os valores no mesmo fôlego soa ambígua. No entanto, Bishop comenta: É um mal-entendido generalizado que a Matemática é a mais isenta de valores de todas as disciplinas escolares, não só entre os professores mas também entre os pais, os matemáticos universitários e os empregadores. Na realidade, a Matemática é tanto conhecimento humano e cultural como qualquer outro domínio do conhecimento, os professores ensinam inevitavelmente valores (Bishop, 2002, p. 228). Seja como for, o ensino da Matemática é um domínio em que é muito difícil encontrar uma abordagem multicultural, que lide com a diversidade ou com a aprendizagem cooperativa. De facto, a Matemática não parece prestar-se facilmente à integração dos chamados objectivos de aprendizagem "transcurriculares", como a educação para o consumo, a saúde, o ambiente, a segurança ou o lazer. Bishop (1997) observa que os currículos, pelo contrário, têm uma orientação técnica particularmente estreita, na qual não há (quase) espaço para considerações históricas ou exercício filosófico.

De acordo com Tine Wedege (2010), a etnomatemática e a literacia matemática são duas noções centrais sobre o conhecimento da matemática no mundo. Enquanto a Etnomatemática salienta a competência das pessoas desenvolvida em diferentes grupos culturais na sua vida quotidiana, a ideia de literacia matemática centra-se principalmente nos requisitos matemáticos e sociais para as competências das pessoas. Partindo de uma visão crítica e construtiva da etnomatemática e da literacia matemática, sugere a sociomatemática como um conceito analítico para um campo temático (as relações cognitivas, afectivas e sociais das pessoas com a matemática na sociedade) e um campo de investigação em educação matemática que engloba o estudo das duas competências. No seu artigo, o foco é o conhecimento da Matemática no mundo, uma expressão ampla e escorregadia que utiliza para abranger um vasto espetro de noções e ideias sobre o que significa conhecer, desenvolver e utilizar a Matemática em diferentes contextos e situações culturais e sociais. Através de uma análise crítica de uma série destas noções, foram clarificadas terminologicamente algumas diferenças decisivas entre as construções conceptuais da Etnomatemática e da literacia matemática. Neste contexto, foi apresentado e brevemente discutido o conceito analítico de socioMatemática que combina aspectos complementares dos dois conceitos:

Primeira observação: Funcionalidade e contextualização

Sob o título Literacia matemática, Jablonka (2003) inclui uma longa série de noções e conceitos sobre o conhecimento da Matemática no mundo - entre os quais a Etnomatemática e a literacia matemática - no seu capítulo do Second International Handbook of Mathematics Education. O seu objetivo é investigar diferentes perspectivas sobre a literacia matemática que variam de acordo com os valores e os fundamentos das partes interessadas (por exemplo, políticos ou investigadores em diferentes contextos culturais e sociais). Jablonka defende que cada conceção de literacia matemática promove uma determinada prática social - implícita ou explicitamente. No parágrafo que introduz a secção "Definição de literacias matemáticas", aponta alguns problemas decorrentes da própria ideia de conhecer a Matemática no mundo: Qualquer tentativa de definir 'literacia matemática' enfrenta o problema de não poder ser conceptualizada exclusivamente em termos de conhecimento matemático, uma vez que se trata da capacidade de um indivíduo usar e aplicar esse conhecimento. Assim, tem de ser concebida em termos funcionais, aplicável às situações em que esse conhecimento deve ser utilizado (Jablonka, 2003, p. 78). A primeira observação de Wedege é que saber Matemática no mundo tem a ver com conhecimento matemático funcional em diferentes situações em domínios como a educação, a economia, a cultura, a ciência, a democracia, etc. Esta afirmação não é trivial, uma vez que Skovs-mose (1990) baseia a distinção entre o conhecimento matemático enquanto tal e o conhecimento matemático tecnológico, que é o conhecimento sobre como construir e como utilizar modelos matemáticos, numa tese que afirma que, ao aprender Matemática (entendida como uma disciplina académica especializada), não se aprende automaticamente a utilizá-la. Ou, por outras palavras, o conhecimento funcional da Matemática não pode ser reduzido ao conhecimento matemático "puro". Também não se aprende a avaliar a utilização da Matemática por outras pessoas em modelos matemáticos. Esta é a razão pela qual Skovsmose distingue um terceiro tipo de conhecimento matemático: o conhecimento reflexivo. Quando se afirma que o conhecimento matemático é funcional, é necessário determinar onde (na escola ou na vida quotidiana) e para quem (sociedade ou indivíduos) (Johansen, 2004). No PISA (OCDE, 2003), a literacia matemática é definida em termos funcionais e afirma-se que a preparação dos jovens para enfrentar os desafios do futuro (literacia matemática) é medida através de tarefas matemáticas com os chamados contextos do "mundo real". Tanto a funcionalidade como a contextualidade do "saber matemática no mundo" são realçadas na seguinte definição de numeracia, que é o termo frequentemente aplicado quando se trata de adultos:

A numeracia consiste em competências matemáticas funcionais e na compreensão que, em princípio, todas as pessoas precisam de ter. A numeracia muda no tempo e no espaço juntamente com as mudanças sociais e o desenvolvimento tecnológico (Lindenskov & Wedege, 2001, p. 5).

Segunda observação: O conhecimento desenvolvido ou procurado na vida quotidiana A funcionalidade é uma caraterística comum das noções sobre saber Matemática no mundo.

Problemas relacionados com a definição de "literacia matemática" a partir de Jablonka: Qualquer tentativa de definir "literacia matemática" enfrenta o problema de não poder ser conceptualizada exclusivamente em termos de conhecimento matemático, uma vez que se trata da capacidade de um indivíduo utilizar e aplicar esse conhecimento. Assim, tem de ser concebida em termos funcionais, como aplicável às situações em que esse conhecimento é [a ser] utilizado. (Jablonka, 2003, p. 78). A minha segunda observação é que qualquer noção sobre o conhecimento da Matemática no mundo se baseia - implícita ou explicitamente - num dos dois significados do termo conhecimento quotidiano:

- Conhecimentos desenvolvidos na vida quotidiana, ou seja, conhecimentos que o indivíduo adquiriu na sua prática quotidiana.
- Conhecimentos procurados na vida quotidiana, ou seja, conhecimentos que se supõe serem necessários ou úteis na prática quotidiana das pessoas.

Na parte sublinhada do parágrafo de Jablonka ("situações em que este conhecimento deve ser utilizado"), parece que a autora apenas inclui o segundo significado de "literacia matemática", como conhecimento procurado na vida quotidiana. Wedege colocou parênteses em torno de "to be" para abrir o primeiro significado. Além disso, sugeriu a inserção de outro verbo, "desenvolver": situações em que este conhecimento é utilizado e desenvolvido. Na investigação em educação matemática e nos inquéritos internacionais, encontramos diferentes construções conceptuais do saber matemático no mundo. Vimos que estas variam consoante as abordagens, os valores e as lógicas dos investigadores e das partes interessadas (Jablonka, 2003). Além disso, implícita ou explicitamente, baseiam-se em diferentes noções de Matemática e de conhecimento e aprendizagem humanos (Wedege, 2003).

Tabela: Conceitos sobre o conhecimento da Matemática no mundo

Tipo 1 (desenvolvido na vida quotidiana)	**Tipo 2** (procurado na vida quotidiana)
Etnomatemática (D'Ambrosio; Bishop) Matemática popular (Mellin-Olsen) Matemática de rua (Nunes et al.) Etnomatemática crítica (Knijnik) Competências dos trabalhadores em matéria de matemática (Wedege) Numeracia dos adultos (Evans)	Literacia matemática (PISA, Hoyles et al.) Numeracia (Steen, ALL) Literacia quantitativa (IALS) Literacia tecno-matemática (Kent et al.) Matemática (Skovsmose) Proficiência matemática (Kilpatrick) Competências matemáticas (Niss)

Segundo Wedege, por detrás das construções de tipo 1, a principal preocupação e perspetiva são as diferenças entre a Matemática escolar e a Matemática extraescolar e o reconhecimento do conhecimento informal das pessoas. O foco é o que as pessoas realmente sabem e fazem e são estudadas as suas práticas de utilização, adaptação e produção de competências matemáticas. No tipo 2, algumas das construções estão principalmente relacionadas com a medição, outras com a relevância do conhecimento matemático e outras com as relações de poder. São geralmente normativas e concebidas como resultados pretendidos na educação. No entanto, Wedege sublinha que a divisão provisória dos conceitos nas duas colunas do quadro não é uma dicotomia. Alguns dos conceitos apresentados tratam, de facto, da dialética entre os dois tipos de conhecimento, como veremos na última secção. Jablonka (2003) argumentou que qualquer conceção de conhecimento da Matemática no mundo (literacia matemática) promove, implícita ou explicitamente, uma determinada prática social. A autora identifica cinco perspectivas: A literacia matemática para

- Desenvolver o capital humano (OCDE)
- Identidade cultural (D'Ambrosio)
- Mudança social (Frankenstein)
- Consciência ambiental (UNESCO)
- Avaliação da Matemática (Skovsmose)

Esta análise baseia-se na observação de que diferentes "concepções de literacia matemática estão relacionadas com a forma como é concebida a relação entre a Matemática, a cultura envolvente e o currículo" (p. 80). Os nomes colocados entre parênteses são exemplos de investigadores e organizações encontrados na sua discussão das cinco perspectivas. A perspetiva da literacia matemática para o desenvolvimento do capital humano baseia-se numa conceção da Matemática como um instrumento poderoso e neutro para a resolução de problemas individuais e sociais. Assim, a literacia matemática é definida como "um conjunto de conhecimentos, competências e valores que transcendem as dificuldades decorrentes das diferenças culturais e das desigualdades económicas" (Jablonka, 2003, p. 81). A perspetiva da literacia matemática para a identidade cultural começa com uma conceção da Matemática que se desenvolve em todas as culturas, onde as práticas matemáticas diferem nos "tipos de Matemática que são empregues, nos objectivos para empregar esse tipo de Matemática, bem como nas crenças associadas sobre a natureza da
Matemática e nos valores sobre a solução do problema (matemático)" (Ibid, p. 82).

Na Etnomatemática, que é uma construção para a identidade cultural, a Matemática é carregada de valores e dependente da cultura, e na literacia matemática, que é uma construção para o desenvolvimento do capital humano, a Matemática é vista como neutra e universal.

Terceira observação: Capacidade ou desempenho

A funcionalidade é uma caraterística comum a todas as concepções de Etnomatemática e de literacia matemática e, como mencionado, todas as definições se referem a situações em que o conhecimento matemático é (a ser) utilizado ou desenvolvido. No entanto, qualquer atividade matemática é levada a cabo por alguém - direta ou indiretamente; estão envolvidos seres humanos.

No final da década de 1990, o discurso educativo internacional mudou de "qualificação" para "competência" e, atualmente, o termo "competência" é quase hegemónico nos discursos educativos, sendo a "literacia matemática" e a "numeracia" exemplos proeminentes de constructos na educação matemática, onde são frequentemente divididos em competências parciais (por exemplo, competência para interpretar quantidades e números e competência para identificar dimensões e formas). A qualificação pode ser definida a priori em termos de aptidões e conhecimentos e está relacionada com a educação formal e a certificação, enquanto a competência diz respeito à capacidade das pessoas, baseada no conhecimento e na autoridade, para lidar com um tipo específico de situações (Wedege, 2003).

No contexto da OCDE, que definiu conceitos gerais de qualificações e competências em meados dos anos 90, ouviu-se uma voz que introduziu o indivíduo na discussão. Fragnière (1996) afirma que as competências são constituídas pela capacidade subjectiva de utilizar as qualificações, o saber-fazer e os conhecimentos de uma pessoa para realizar algo: "De facto, não existem competências "objectivas" que possam ser definidas independentemente dos indivíduos em que se encontram incorporadas. Não existem competências em si mesmas; existem apenas pessoas competentes" (p. 47). Nas construções da Etnomatemática baseadas na definição "Matemática praticada por grupos culturais", introduzida por D'Ambrosio (1985), as actividades humanas como contar, medir, localizar, etc. e as capacidades das pessoas para lidar com situações através deste tipo de actividades são reconhecidas como importantes. Na definição de literacia matemática do PISA de 2000 acima apresentada, não havia qualquer indivíduo a utilizar e a envolver-se com a Matemática. Mas no inquérito de 2003, em que a Matemática é o domínio principal, o indivíduo é introduzido na definição e, ao mesmo tempo, o critério da empregabilidade é eliminado, acentuando-se assim a perspetiva da cidadania.

A literacia matemática é a capacidade de um indivíduo para identificar e compreender o papel que a Matemática desempenha no mundo, para fazer julgamentos bem fundamentados e para usar e envolver-se com a Matemática de forma a satisfazer as necessidades da sua vida como cidadão construtivo, preocupado e reflexivo (OCDE, 2003, p. 37). No entanto, a forma de modular e descrever as literacias matemáticas dos indivíduos num quadro de oito competências "objectivas" definidas independentemente dos indivíduos continua a ser a mesma. O mesmo acontece com a forma de testar os jovens com tarefas matemáticas normalizadas em todos os países e culturas.

Na encruzilhada entre a segunda e a terceira geração da aprendizagem ao longo da vida, o discurso e a terminologia educativa mudaram de qualificação para competência, mas, no contexto político e educativo, perderam-se algumas das qualidades de um conceito de competência científica. Por exemplo, a dissolução da dicotomia clássica entre conhecimentos e aptidões, que permite o reconhecimento do conhecimento tácito e do conhecimento e aprendizagem na prática/ação. No seu sentido básico de capacidade humana, a competência une a complexa combinação de saber e fazer. Na análise de Bernstein sobre a recontextualização da "competência", ele contrastou dois modelos pedagógicos: Competência e desempenho. Nos modelos de competência, a tónica é colocada na realização de competências que os "adquirentes" já possuem, ou que se pensa que possuem.
O texto pedagógico revela o desenvolvimento da competência do adquirente a nível cognitivo, afetivo e social. Nos modelos de desempenho, a ênfase é colocada num resultado específico do adquirente, em competências especializadas. O texto pedagógico é o desempenho do adquirente objetivado por notas.

Os modelos de competência, tal como as construções educativas da Etnomatemática, centram-se nas capacidades matemáticas dos indivíduos em diferentes contextos, enquanto os modelos de desempenho, tal como as construções educativas da literacia matemática, se centram nas qualificações necessárias em Matemática predefinidas em termos de competências. No entanto, tal como salientado por Jablonka e Gellert (2010), quando a Etnomatemática é importada para o discurso da sala de aula através de um currículo, existe o risco de o objetivo da recontextualização ser mal utilizado em termos de tópicos matemáticos escolares tradicionais.

2.5.1 SOCIOMATEMÁTICA

(Wedege, 2010) introduziu o conceito de sociomatemática para designar uma área temática em que as pessoas, a matemática e a sociedade se combinam e para o campo de investigação em que o contexto social do conhecimento, da aprendizagem e do ensino da matemática é seriamente tido em conta. O domínio temático engloba construções do conhecimento da Matemática na sociedade, por exemplo, a literacia matemática e a Etnomatemática crítica. Como campo de investigação, a sociomatemática combina abordagens gerais e subjectivas ao estudar as relações das pessoas com a Matemática na sociedade. Qualquer estudo sociomatemático baseia-se na ideia de uma interação dialética entre as duas dimensões seguintes do conhecimento quotidiano:

• Conhecimentos desenvolvidos na vida quotidiana, ou seja, conhecimentos que o indivíduo adquiriu na sua prática quotidiana e social.

• Conhecimento necessário na sociedade, ou seja, conhecimento que é relevante/útil na prática quotidiana e social das pessoas. Numa construção sociomatemática, a Matemática do quotidiano das pessoas é reconhecida como Matemática e, ao mesmo tempo
tempo, é reconhecida a poderosa posição da Matemática académica na sociedade.

De acordo com D'Ambrosio, uma forma crítica de ensinar Matemática não tem oportunidades suficientes. Tal como Bishop (1997), ele critica os currículos predominantemente orientados para a forma, com a sua ênfase no exercício técnico, dando quase nenhum lugar à história, à filosofia ou à reflexão em geral. D'Ambrosio propôs três conceitos a focar num novo currículo, se se quiser levar a peito os objectivos emancipatórios internacionais (UNESCO): literacia, matheracy e technoracy. A literacia diz respeito às competências comunicativas para conter e utilizar a informação. Estão em causa as línguas faladas e escritas, mas também os símbolos, os significados, os códigos e os números, pelo que a literacia matemática faz indubitavelmente parte dela. A literacia matemática designa as qualidades necessárias a uma atitude científica: ser capaz de desenvolver hipóteses, deduzir e tirar conclusões a partir de dados. A tecnoracia refere-se às oportunidades de se familiarizar com a tecnologia, de modo a que todos os alunos tenham, pelo menos, a oportunidade de conhecer os princípios básicos, as possibilidades e os riscos dos artefactos tecnológicos. Para concluir esta secção, resumimos que o programa Etnomatemática é uma visão orientada por valores sobre a prática e a educação matemática. Em nítido contraste com a maior parte da investigação matemática ocidental e das tradições educativas, na Etnomatemática as práticas não são dissociadas das suas origens e contextos culturais.

Mais fortemente do que isso, a educação é explicitamente associada à justiça social e até à política. Tem-se observado que, devido à sua crítica implícita ou explícita ao eurocentrismo, estes estudos inspiraram um interesse crescente na incorporação cultural das práticas matemáticas, incluindo as "ocidentais". No âmbito da filosofia da Matemática, isto veio juntar-se ao leque de estudos, surgidos desde meados do século XX, que se propõem coletivamente como "alternativa" aos estudos fundacionais, trazendo de volta a natureza do conhecimento matemático para onde parece pertencer: nas práticas de seres humanos concretos, limitados e falíveis. No que diz respeito à educação matemática, há também que registar uma série de evoluções cruciais. Os países menos desenvolvidos deixaram cada vez mais de se limitar a importar os currículos matemáticos ocidentais "superiores" e começaram a implementar práticas educativas locais. No próprio mundo desenvolvido, o interesse deslocou-se (ou alargou-se) do exotismo para a diversidade cultural: A etnomatemática na escola já não significa um intervalo de cinco minutos entre os exercícios técnicos, mas tornou-se um dos instrumentos para uma melhor aprendizagem de como lidar com as diferenças interculturais dentro ou fora do ambiente imediato. As filosofias do igualitarismo e da emancipação influenciaram estas mudanças na educação, ao ponto de também terem sido inscritas em capítulos de programas políticos globais (UNESCO, OCDE, PISA) que se esforçam por garantir o direito de todos os seres humanos à literacia matemática.

2.6.0 CULTURA MATEMÁTICA YORUBA:

- SISTEMA DE NUMERAÇÃO:

A língua ioruba tem um sistema de numeração vigesimal (base 20) bastante elaborado, que envolve a adição, a subtração e a multiplicação. Existem diversas formas de etnia e cultura do povo ioruba da Nigéria, tendo cada grupo étnico um sistema de numeração e contagem. Mas estes sistemas estão relacionados e são semelhantes no seu processo, embora possam não soar exatamente da mesma forma. A base do sistema de contagem é *ogun* 'vinte' (ou 'pontuação'). Até 30, o iorubá tem formas distintas de numerais para contar objectos, que derivam da contagem de búzios. As contas, conchas, nozes ou seixos são utilizados como meios de troca ou como material de contagem.

1 *Ookan* é uma contração de *owo okan* "um búzio"; 2-10, 20 e 30 são análogos.

2 * *La* é uma contração de *le ewa* "e dez".

3 ** *Kedogun* é uma contração de *aarundi(n)(l)ogun* "cinco de vinte".

4 ** *igbeo* é uma contração de *igba owo* "um monte de búzios".

Ogun é a palavra de base para vinte, *okdo* a palavra para contar objectos. Para trinta, as formas são *ogbon* e *ogbon o*. As unidades para além dos cinco são geralmente transparentes: *ookanlelogun* 'vinte e um', *eejidinlogbon* 'vinte e oito', etc. Existem também formas decimais mais recentes para os milhares: 2.000 *egberun meji* 'mil duas vezes', 3.000 *egberun meta* 'mil três vezes', etc., bem como formas aditivas para os cincos, devido à influência do inglês. Os números superiores a 20.000 também tendem a ser transparentes: 40.000 é *egbaawa lonan meji* '20.000 duas vezes'.

Kan	1	Mokanle logbon	+1+30
Meji	2	Mejilelo gbon	+2+30
Meta	3	Metalelo gbon	+3+30
Merin	4	Merinlel ogbon	+4+30
Maruun	5	Maruun dinlogoj i	-5+ 20x2
Mefa	6	Merindi nlogoji	-4+ 20x2
Meje	7	Logotipo do Metadin	-3+ 20x2
Mejo	8	Mejidinl ogoji	-2+ 20x2
Mesão	9	Mokand inlogoji	-1+ 20x2
Mewa	10	Ogoji	20x2
Mokanla	+1+1	Mokanle	+1+

	0	logoji	20x2
Mejila	+2+1 0	Mejilelo go[ji]	+2+ 20x2
Metala	+3+1 0	Metalelo go[ji]	+3+ 20x2
Merinla	+4+1 0	Merinlel ogoji	+4+ 20x2
Meedogu n	- 5+10	Maruun dinlaado ta	-5-10+ 20x3
Merindin logun	- 4+10	Merindi nlaadota	-4-10+ 20x3
Metadinl ogun	- 3+10	Metadina laadota	-3-10+ 20x3
Mejidinl ogun	- 2+10	Mejidinl aadota	-2-10+ 20x3
Mokandi nlogun	- 1+10	Mokand inlaadot a	-1-10+ 20x3
Ogun	20	Aadota	-10+ 20x3

Mokanle logun	+1+2 0	Mokonl elaadota	+1-10+ 20x3
Mejilelo arma	+2+2 0	Mejilela adota	+2-10+ 20x3
Metalelo arma	+3+2 0	Metalela adota	+3-10+ 20x3
Merinlel	+4+2	Merinlel	+4-

ogun	0	aadota	10+20x 3
Meedogb sobre	- 5+20	Marundi nlogota	-5+ 20x3
Merindin logun	- 4+20	Merindi nlogota	-4+ 20x3
Metadinl ogun	- 3+20	Metadina logota	-3+ 20x3
Mejidinl ogun	- 2+20	Mejidinl ogota	-2+ 20x3
Mokandi nlogun	- 1+20	Mokand inlogota	- 1+20x3
Ogbon	30	Ogota	20x3

Número	**Leitura**	**Significado**
100	Ogorun	20 X 5
200	ogorun meji	(20 X 5) X 2
300	ogorun meta	(20 X 5) X 3
400	ogorun merin	(20 X 5) X 4
500	ogorun marun	(20 X 5) X 5
600	ogorun mefa	(20 X 5) X 6
700	ogorun meje	(20 X 5) X 7
800	ogorun mejo	(20 X 5) X 8
900	ogorun mesan	(20 X 5) X 9
1000	Egberun	1000

Nota:
ebu = fração
Idameta = um terço (dividido em três)
Idamerin = um quarto
Idamarun= um quinto, etc.

Ilopomeji= duas vezes, ou duplicação Erin lona meji= 4^2 (4 em 2 lugares) Erin lona meta = 4^3 etc.

O simbolismo numérico, como os objectos com duas dobras que evocam o bem e o mal, os objectos com três dobras que evocam hierarquias e os objectos com quatro dobras que estão associados à direção no espaço; os fabricantes de cestos das culturas Hausa e Yoruba referem-se a números ímpares ou a quantidades ímpares de tiras de plantas como "feias"; estimam o tamanho de um terreno pelo número de passos ou pela média de passos relevantes para o ensino técnico.

MOEDA YORUBA: De acordo com o sistema Yoruba de contagem de búzios, 40 búzios = 1 corda;
2000 búzios = 1 cabeça ou 50 cordas;
20 000 búzios = 1 saco ou 10 cabeças.

Como parte do seu comércio, os iorubás tinham de contar grandes quantidades de búzios. Quando um contador de búzios tinha de contar milhares de conchas, esvaziava o saco no chão e começava a contar de 20 em 20, fazendo 4 grupos de 5 conchas cada. De seguida, o contador fazia 5 grupos de 20 para perfazer 100. Depois, juntava 2 grupos de 100 para obter 200. O princípio subtrativo desenvolveu-se a partir desta forma de contar. Os iorubás também aprenderam a calcular bem quando contavam grandes quantidades de conchas de búzios.

- CALENDÁRIO YORUBA

O ano do calendário iorubá (Kojoda) decorre de 3 de junho a 2 de junho do ano seguinte. De acordo com este calendário, o ano gregoriano de 2015 d.C. é o 10057.º ano da cultura iorubá. A semana tradicional ioruba tem quatro dias. Os quatro dias dedicados aos orixás são os seguintes

- O primeiro dia é dedicado a Obatala (Sopanna, lyaami e Egungun)
- O segundo dia é dedicado a Orunmila (Esu e Osun)
- O terceiro dia é dedicado a Ogun (Osoosi)
- O dia 4 é dedicado a Sango (Oya)

Para se conciliarem com o calendário gregoriano, os iorubás também medem o tempo em sete dias por semana e quatro semanas por mês. O calendário de quatro dias era dedicado aos orixás e o calendário de sete dias é para fazer negócios. Os sete dias são: Ojo-Aiku (domingo), Ojo-Aje (segunda-feira), Ojo-Ishegun (terça-feira), Ojo-Riru (quarta-feira), Ojo-Bo/Alamisi (quinta-feira), Ojo-Eti (sexta-feira) e Ojo- Abameta (sábado).

O tempo é medido em isheju (minutos), wakati (horas), ojo (dias), ose (semanas), oshu (meses) e odun (anos). Há 60 (ogota) isheju em 1 (okan) wakati; 24 (merinlelogun) wakati em 1 ojo; 7 (meje) ojo em 1 ose; 4 (merin) ose em 1 oshu e 52 (ejileladota)ose em 1 (okan) odun. Há 12 (mejila) oshu em 1 (okan) odun.

- O ano nos festivais
  - Sere/ janeiro
  - Erele / fevereiro
  - Erena / março
  - Igbe / abril
  - Ebibi / maio
  - Okudu / junho
  - Agemo / julho
  - Ogun / agosto
  - Owere / setembro
  - Owara / outubro
  - Belu / novembro
  - Ope / **Exemplos do calendário** de dezembro: "KỐJỐDÁ" - 'Ki ốjố da: que o dia seja claramente previsto, calendário'.

KÓJÓDÁ 10053 / CALENDAR

2011/2012

ÒKÙDÚ 10053 / June 2011

ÒSÈ	91st	1st	2nd	3rd	4th	5th	6th	7th	8th	9th
őjő-Ṡàngó /Jakuta		2	3	4	5	6	7	8	9	10
Őjő-Òrùnmílá /Ìfá / Awo		11	12	13	14	15	16	17	18	19
őjő-Ògún		20	21	22	23	24	25	26	27	28
Őjő-Òbàtálá	1	29	30							

O calendário tradicional ioruba (**Kojoda**) tem uma semana de 4 dias e 91 semanas por ano. O ano iorubá vai de 3 de junho de um ano do calendário gregoriano a 2 de junho do ano seguinte. Os iorubás também medem o tempo em sete dias por semana e 52 semanas por ano.

Nota: como o calendário iorubá tem treze meses, a relação entre os meses gregorianos e iorubanos é apenas aproximada.

• CONSELHO DE ADMINISTRAÇÃO DA IFA

Outra forma de raciocínio na cultura iorubá, que é um aspeto da cultura de natureza matemática, é o "IFA". Embora se diga que está associado a espíritos e adivinhações, o tabuleiro IFA contém linhas e colunas semelhantes às matrizes actuais. Cada coluna tem um nome e um significado distintos e, como pode haver um ou dois traços em cada posição, há 24 ou 16 disposições diferentes em cada coluna. Os nomes variam de região para região. Conforme indicado por Bascom, quatro arranjos são:

Ogbe	**Oyeku**	**Iwori**	**Edi**
1	**11**	**11**	**1**
1	**11**	**1**	**11**
1	**11**	**1**	**11**
1	**11**	**11**	**1**

A coluna da direita é considerada masculina e é mais poderosa do que a coluna da esquerda, ou feminina. Cada um desses arranjos de coluna dupla é chamado de "caminho de Ifá" ou um Odu. No total, há 24 X 24, ou 256 odus diferentes, que são classificados de 1 a 256 na ordem de sua importância. A cada odu está associado um número de versos, sendo que cada verso está relacionado com um problema da vida real, mas expresso na linguagem oblíqua tão caraterística dos iorubás. À medida que o adivinho recita os versos associados ao odu, o cliente ouve as palavras adequadas à sua própria situação. Os sacerdotes são também conhecidos como médicos competentes.

• MEDIÇÃO

Tempo:

Imagem de um galo a cantar ao amanhecer para indicar a hora

Osan é o dia, em oposição a *oru*, a noite. Não se conhece a divisão do dia e da noite em horas, mas o dia divide-se nos seguintes períodos: *kutu-kutu*, manhã cedo; *owuro*, manhã, manhã; *gangan*, ou *osan gangan* (*gangan*, vertical, perpendicular), meio-dia; *iji-she kpale* (alongamento da sombra), tarde; e *ashale*, ou *ashewale*, tarde, crepúsculo. A noite é dividida em períodos de canto do galo, como *akuko-shiwaju* (o galo que abre o caminho), primeiro canto do galo; *ada-ji*, ou *ada-jiwa*, altura do segundo canto do galo; e *ofere*, ou *ofe*, a altura do canto do galo imediatamente antes do nascer do sol. *Odun* significa "ano" e, tal como a palavra *ose*, "semana", também uma festa anual que se celebra em outubro, e o período de tempo que medeia entre duas dessas festas. O ano divide-se em estações *Ewo-erun*, estação seca; divide-se novamente em *ako-ro*, primeiras chuvas, e *aro-kuro*, últimas chuvas, ou pequena estação chuvosa.

Referências:

Os sistemas Yoruba de contagem do tempo surgem através da interação humana com o mundo natural. A idade, a data e a referência são determinadas pelos reinados dos reis (por exemplo, "Laye olugbon" - durante o reinado de Olugbon, "Laye Aresa" - durante o reinado de Aresa), pelas gerações humanas, pelas estações de plantação, pelas pragas de gafanhotos ou pelos movimentos da lua, as actividades práticas e os eventos rituais são considerados significativos devido à sua localização no tempo.

Distância:

Na antiga cultura Yoruba, a palma da mão, os passos, o comprimento do braço, o comprimento do pé e as cordas eram geralmente utilizados como meio de medir a distância, objectos, alturas, dimensões e áreas, etc. Além disso, para medir terrenos, por vezes atira-se uma pedra de um ponto a outro numa determinada direção. E onde quer que a pedra pare, será a porção a ser acumulada para o comprador ou benfeitor.

Figura: 1

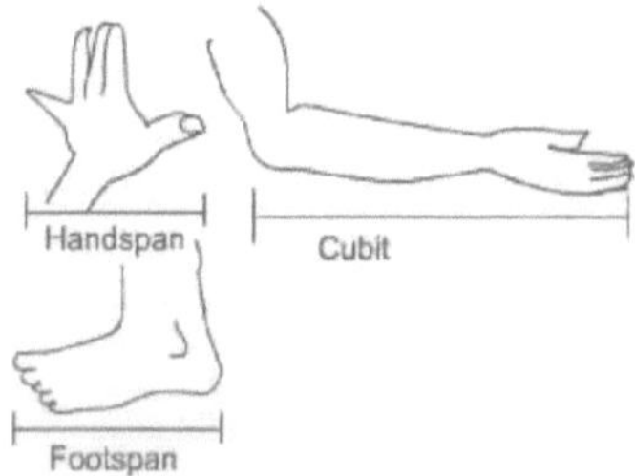

Imagens que mostram a utilização de Strides, Handspan e footspan para medição.

- FORMAS E PADRÕES GEOMÉTRICOS DE "ADIRE".

Estes padrões assumem a forma de representação estilizada de plantas, animais, objectos do quotidiano e padrões abstractos. De um modo geral, os desenhos e motivos das tradições Adire podem ser classificados em cinco tipos. Trata-se de motivos geométricos, figurativos, esquemáticos, letras e celestomorfos. Os motivos geométricos são pontos, linhas de várias formas, tais como linhas rectas, hachuras, hachuras cruzadas, etc.; triângulos, quadrados, círculos, semicírculos, linhas em espiral e rectângulos. Os motivos figurativos são de dois subtipos: zoomórficos e florais. Os motivos zoomórficos dividem-se em oito subgrupos: espécies de aves, répteis e mamíferos, artrópodes, anelídeos, moluscos, peixes e anfíbios. As espécies de aves representadas são cerca de doze. São elas: Opeere (bulbo de orelhas castanhas), Agbufon (grou coroado), Adaba (pomba de olhos vermelhos), pepeye (pato), Asadi (milhafre preto, milvus migrans), Etu (pintassilgo), Adie (galinha), Okin (pavo cristatus), Odidere (papagaio cinzento africano), Tolotolo (peru), Igun (abutre de capuz, necroyrtes monachus) e Ogongo (avestruz). As espécies de répteis são, no seu caso, cerca de sete tipos: Alangba (lagarto), Akika (pangolim), Ejo (serpente), Alabahun (tartaruga), Oni (crocodilo do Nilo, crocodylus nilticus), Eja (peixe), Omoole (osga de parede) e Oga (camelião). São identificáveis três espécies de mamíferos: Adon, (morcego), Okere (esquilo) e Eerin (elefante). Os artrópodes são cerca de dois. São eles Okun (milípede) e Akeeke (escorpião). Apenas um anelídeo, Ekolo (minhoca) é identificável. Da mesma forma, Igbin (caracol gigante africano, archachatina marginata) é o único representado no subgrupo dos moluscos. Os Peixes são a Tilápia no seu próprio caso. Apenas é utilizado um motivo anfíbio, o Opolo (sapo). Os motivos florais são Ewe Ege, e Ewe Oye/Akoko, respetivamente folhagens de mandioca e markhamia tomentosa. Outros motivos florais são Fulawa (pétalas), Ogedewere (banana), Ogede Agbagba (banana-da-terra), Koko (vagem de cacau), Koro Owu (semente de algodão), Odan (figueira) e Oka baba (planta do milho da Guiné). Os skewomorphic, ou seja, a representação de objectos feitos pelo homem, são mais variados. Vão desde utensílios a outros objectos. Entre estes, encontram-se o espelho, a faca, o Irukere (rabo de cavalo), o aago owo (relógio de pulso), o walaa (ardósia), o isana (fósforos), o garawa (balde), o ese masiini (pedal da máquina de costura), o opo Mapo (pilares do salão Mapo), o koko taba (cachimbo de tabaco), o orita (cruzamento de estradas), o amuga (tesoura), o agbo ile (composto da casa), igbako (concha), suga (cubos de açúcar), opon Ifa (tabuleiro de adivinhação Ifa), ilu gangan (tambor falante Gangan), sekere (chocalho de cabaça), akete (chapéu de palha), Taya (pneu), ile eyin (tabuleiro de ovos), yeti (anel de orelha), atori (chicotes), agboorun (guarda-chuva), ileke bebe (contas de cintura) e boolu (bola). As letras são os alfabetos, nomeadamente da língua iorubá. Os motivos baseiam-se em corpos celestes ou planetas, para os quais Kalilu inventou a palavra celestiomorfo, tais como Osupa (lua) e irawo (estrelas). Alguns destes motivos são pictóricos e perceptíveis, enquanto outros têm pouca semelhança pictórica com o que é representado.

Figura: 2

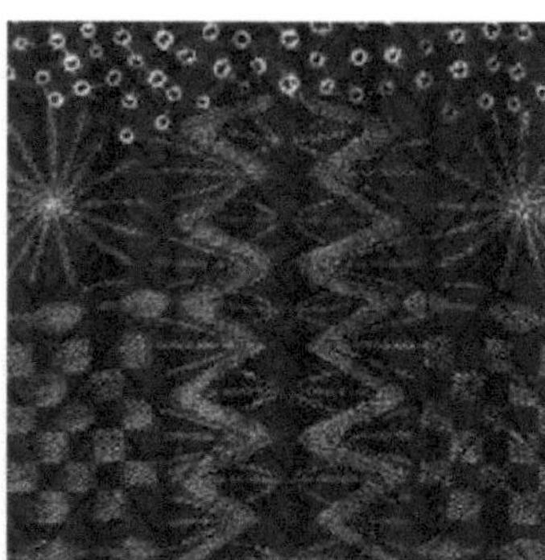

Amostras de tecido "Adire" com símbolos e padrões da cultura iorubá

Outras formas são o Ogbo (em forma de cone) tocado durante o festival de máscaras, o koto (cone), o Igbasogi (esfera) para fazer cabaça (hemi-spere) e a arte chamada 'Ona' que faz esculturas e assusta a partir de árvores da floresta pelo 'Agbegilere', ou seja, entalhador de madeira.

- JOGOS MATEMÁTICOS: AYO OLOPON

Figura: 3

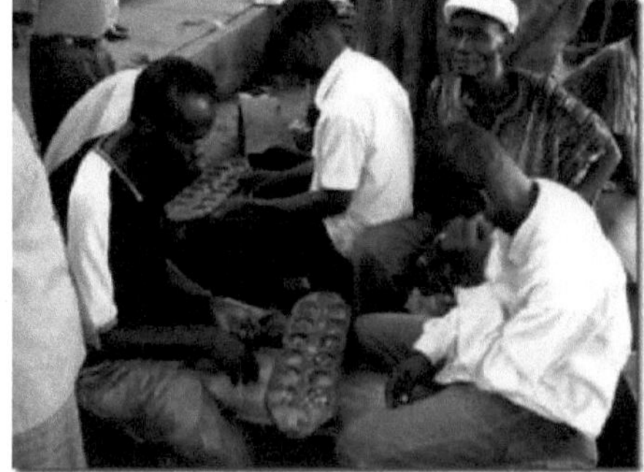

Imagens da "Tribo Yoruba Ayo Olopon" e de pessoas a jogar o jogo

A cultura iorubá tem a sua forma única de educação, bem como de actividades recreativas e de lazer. Os adultos iorubás sabem como se divertir. Descontraem-se a dançar, a ouvir música folclórica e a jogar. Um dos jogos mais conhecidos da cultura iorubá é o *Ayo Olopon*. É sobretudo jogado pelos homens depois de um longo dia de trabalho. Eis os componentes do jogo:

> **Ferramentas:** O tabuleiro de jogo é geralmente um tabuleiro de madeira trabalhado artisticamente, composto por doze buracos e pedras. O tabuleiro de jogo tem doze buracos, seis em cada rolo.

Há quarenta e oito seixos ou pedras no total. Estão distribuídas pelos 12 buracos, cada um com 4 seixos.

> **Jogadores:** O jogo é composto por dois jogadores. O primeiro jogador recolhe todas as pedras no seu primeiro buraco e distribui-as no sentido contrário ao dos ponteiros do relógio pelos outros buracos da primeira ronda. O buraco onde cair a última pedra será esvaziado pelo jogador. Este processo continua em rondas até que todas as pedras sejam esvaziadas.

> **Regras do jogo**: O jogador com o maior número de seixos ou pedras ganha o jogo. O jogo é muito interessante e requer tácticas e cálculos de movimentos, tal como nos jogos modernos como o xadrez.

Outros jogos matemáticos iorubás incluem o "Draft", que é semelhante ao atual "Xadrez". Além disso, uma atividade chamada "Quem está no jardim" também pode ser usada para ilustrar a geometria do círculo.

2.6.1 CULTURA MATEMÁTICA IGBO

- NUMERAÇÃO

Número	Leitura	Significado
0	*	-

1	Oui	1
2	Abuo	2
3	Ato	3
4	Ano	4
5	Ise	5
6	Isii	6
7	Asaa	7
8	Asato	8

SISTEMA

9	Iteghete	9
10	Iri	10
11	iri na out	10 e 1
12	iri na abu.a	10 e 2
13	iri na ato.	10 e 3
14	iri na ano.	10 e 4
15	iri na ise	10 e 5
16	iri na isii	10 e 6
17	iri na asaa	10 e 7
18	iri na asato.	10 e 8
19	iri na iteghete	10 e 9

20	iri abu.a	10 X 2
21	iri abu.a na fora	(10 X 2) e 1
22	iri abu.a na abu.a	(10 X 2) e 2

23	iri abu.a na ato.	(10 X 2) e 3
24	iri abu.a na ano.	(10 X 2) e 4
25	iri abu.a na ise	(10 X 2) e 5
26	iri abu.a na isii	(10 X 2) e 6
27	iri abu.a na asaa	(10 X 2) e 7
28	iri abu.a na asato.	(10 X 2) e 8
29	iri abu.a na iteghete	(10 X 2) e 9
30	iri ato.	10 X 3
31	iri ato. na out	(10 X 3) e 1
32	iri ato. na abu.a	(10 X 3) e 2
33	iri ato. na ato.	(10 X 3) e 3
34	iri ato. na ano.	(10 X 3) e 4
35	iri ato. na ise	(10 X 3) e 5
36	iri ato. na isii	(10 X 3) e 6

37	iri ato. na asaa	(10 X 3) e 7
38	iri ato. na asato.	(10 X 3) e 8
39	iri ato. na iteghete	(10 X 3) e 9
40	iri ano.	10 X 4
41	iri ano. na otu	(10 X 4) e 1
42	iri ano. na abu.a	(10 X 4) e 2
43	iri ano. na ato.	(10 X 4) e 3
44	iri ano. na ano.	(10 X 4) e 4
45	iri ano. na ise	(10 X 4) e 5
46	iri ano. na isii	(10 X 4) e 6
47	iri ano. Na asaa	(10 X 4) e 7
48	iri ano. na asato.	(10 x 4) e 8
49	iri ano. na iteghete	(10 x 4) e 9
50	iri ise	10 x 5

51	iri ise na otu	(10 x 5) e 1
52	iri ise na abu.a	(10 x 5) e 2
53	iri ise na ato.	(10 x 5) e 3
54	iri ise na ano.	(10 x 5) e 4
55	iri ise na ise	(10 x 5) e 5
56	iri ise na isii	(10 x 5) e 6
57	iri ise na asaa	(10 x 5) e 7
58	iri ise na asato.	(10 x 5) e 8
59	iri ise na iteghete	(10 x 5) e 9
60	iri ísíí	10 x 6
61	iri ísíí na otu	(10 x 6) e 1
62	iri isii na abu.a	(10 x 6) e 2
63	iri ísíí na ato.	(10 x 6) e 3
64	iri ísíí na ano.	(10 x 6) e 4

65	iri ísíí na ise	(10 x 6) e 5
66	iri ísíí na isii	(10 x 6) e 6
67	iri ísíí na asaa	(10 x 6) e 7
68	iri isii na asato.	(10 x 6) e 8
69	iri isii na iteghete	(10 x 6) e 9
70	iri asaa	10 x 7
71	iri asaa na otu	(10 x 7) e 1
72	iri asaa na abu.a	(10 x 7) e 2
73	iri asaa na ato.	(10 x 7) e 3
74	iri asaa na ano.	(10 x 7) e 4
75	iri asaa na ise	(10 x 7) e 5
76	iri asaa na isii	(10 x 7) e 6
77	iri asaa na asaa	(10 x 7) e 7

78	iri asaa na asato.	(10 x 7) e 8
79	iri asaa na iteghete	(10 x 7) e 9
80	iri asato.	10 x 8
81	iri asato. na otu	(10 x 8) e 1
82	iri asato. na abu.a	(10 x 8) e 2
83	iri asato. na ato.	(10 x 8) e 3
84	iri asato. na ano.	(10 x 8) e 4
85	iri asato. na ise	(10 x 8) e 5
86	iri asato. na isii	(10 x 8) e 6
87	iri asato. na asaa	(10 x 8) e 7
88	iri asato. na	(10 x 8)
	asato.	e 8
89	iri asato. na iteghete	(10 x 8) e 9
90	iri iteghete	10 x 9
91	iri iteghete na otu	(10 x 9) e 1

92	iri iteghete na abu.a	(10 x 9) e 2
93	iri iteghete na ato.	(10 x 9) e 3
94	iri iteghete na ano.	(10 x 9) e 4
95	iri iteghete na ise	(10 x 9) e 5
96	iri iteghete na isii	(10 x 9) e 6
97	iri iteghete na asaa	(10 x 9) e 7
98	iri iteghete na asato.	(10 x 9) e 8
99	iri iteghete na iteghete	(10 x 9) e 9
100	nari.	100

Nota(*): Os Igbos não têm um nome definido para o zero, ao contrário dos Yorubas.

Nomes Eng.	**Nomes Igbo**	**Igbo decimalizado**
154. Cento e Cinquenta e quatro	Ogu asaa na iri na ano ise na ano	**nomes** Otu Nari na iri
176. Cento e Setenta e seis	Ogu asato na iri na isii/Bere ano na Ogu itolu	Otu Nari na iri asaa na isii
200. Duzentos	Ogu iri	Nari abuo
335. Trezentos e Trinta e cinco	Ogu iri na isii na iri na ise ato na ise	Nari ato na iri
400. Quatrocentos	Nnu	Nari ano

900. Novecentos	Nnu abuo na Ogu ise	Nari itolu
1000. Mil	Nnu abuo na ogu iri/Nnu Puku abuo na ukara	
8000. Oito mil	Ogu nnu	Puku asato
160,000. Cento e sessenta mil	(Nnukwuru nnu) Nde Nari puku iri ise	Puku na
1,000,000. Um milhão	Nde isii na	puku ise Nde
64.000.000 Sessenta e quatro milhões de anos	Nnu nde/Ijeri Nde	iri isii na nde
1.000.000.000, Mil milhões	-	Ijeri

É claro que cada sistema tem as suas propriedades únicas para ser um sistema. Pode também partilhar algumas propriedades comuns com outros sistemas. Para além disso, um sistema deve ter regras ou leis que regem os assuntos e preocupações do sistema. O sistema numérico tradicional Igbo não é exceção às observações anteriores. O sistema numérico tradicional Igbo (TINS) é vegesimal (um sistema de base vinte). Tem também uma base menor ou uma sub-base que é decimal ou denário (um sistema de
sistema de base dez). Basicamente, a contagem no sistema é feita em conjuntos de vinte ou possíveis potências integrais positivas de vinte. Consequentemente, a maioria dos números que são potências integrais positivas de vinte dentro do intervalo de contagem da pessoa tradicional Igbo, têm nomes distintos. Os criadores do sistema numérico tradicional Igbo foram muito provavelmente informados ou guiados pelo número de dedos das mãos e dos pés que uma pessoa normal tem, ao decidirem a base principal (vegesimal) e a base menor (decimal) do sistema. Assim, o sistema numérico tradicional Igbo tem nomes de números básicos como Otu, Abuo, Iri, Ogu, Nnu, (202), Puku, (203), Nde, (204& 205) (Nnu nde) /Ijeri, (206). O sistema numérico tradicional Igbo tem, portanto, quinze nomes de números básicos. Note-se que 'Nan' (100), tal como utilizado no número Igbo decimalizado, não era geralmente utilizado em TINS. É claro que não se enquadra no TINS, uma vez que 100 não é uma potência integral de vinte. Estes 15 nomes básicos de números foram usados como base para formar outros números de contagem. Para além destes 15 nomes básicos de números e de quaisquer outros deles derivados, o TINS tinha nomes para fracções em geral e especificamente.
Estes nomes são exemplificados por:

(i) Mpekele que significa fração;
(ii) Ukara, que significa metade;
(iii) Otu na uzo ise que é um quinto;
(iv) Abuo na uzo ato como um terço; etc.

Como já foi dito, a TINS tem regras e princípios que regem a formulação de nomes de números não-básicos. Assim, na formação dos nomes de números, a TINS utilizava uma, duas ou três das regras aditivas, multiplicativas e subtractivas. No caso do princípio aditivo, só a base principal, nos seus múltiplos e potências integrais, e a base menor podem ser acrescentadas.3.ogomaka.40

Ao utilizar o princípio multiplicativo, apenas a base principal é multiplicada por números inteiros. A utilização do princípio subtrativo envolve normalmente a subtração do número um, dois, três, quatro ou cinco (embora raramente) à base principal, ao múltiplo integral ou à potência da base principal ou à base menor. Ilustrações de:

(a) Apenas o princípio aditivo;
(i) Iri na ano (Dez e Quatro, 14)
(ii) Ogu na iri na ise, (Vinte e dez e cinco, 35) e
(iii) Nnu na ogu na otu (quatrocentos e vinte e um, 421).
(b) Apenas a regra multiplicativa;
(i) Ogu ato (20 em três lugares, ou seja, 20 vezes 3, 60)
(ii) Nnu ise (400 por cinco; 2000)
(iii) Puku asaa (8.000 por 7; 56.000)
(iv) Nnu iri (400 por 10; 4000)
(c) Regra subtractiva apenas (geralmente aplicada no comércio ou na contabilidade),
(i) Bere abuo n'iri (Tira dois de dez; 8) e
(ii) Bere ato n'ogu (tirar três de vinte; 17)
(d) Utilização das regras combinadas
(i) Ogu ano na isii (vinte por quatro e seis, 20 x 4 + 6 = 86)
(ii) Nnu abuo na ogu ise (quatrocentos por dois e vinte por cinco, ou seja, 400x 2 + 20 x 5= 900)
(iii) Bere ato n'ogu isii (Tirar ou cortar três de cinco vintes, ou seja, 20 x 5 - 3 = 97)
(iv) Bere otu n'nnu na ogu ato (Tirar um a quatrocentos e três vintes, 400 + 20 x 3 - 1 que dá 459).
Geralmente, quando os números são enunciados, o componente de maior valor (ou o seu múltiplo) é enunciado primeiro e depois o resto, seguindo a ordem decrescente dos valores. Os exemplos são os seguintes:
(i) Puku ano, nnu ato, ogu ise na iri na asaa (8000 x 4 + 400 x 3+20 x 5
+10 + 7, ou seja, 32 000 + 1200 +100 + 10 + 7 = 33 317)
(ii) Nnu iri, ogu asaa na itolu (400 x 10 + 20 x 7 + 9 = 4,149)

No entanto, quando se usa a regra subtractiva, o número a subtrair é indicado primeiro e depois os outros componentes, seguindo a regra geral 3.ogomaka (ver ilustração (C) acima). Também no uso do princípio multiplicativo, a base ou a potência integral positiva da base é indicada primeiro, seguida do multiplicador, mas quando o multiplicador é um ou, em casos extraordinários, uma potência integral positiva da base, então o multiplicador é indicado primeiro. Os exemplos são os seguintes:
(i) Otu puku na ogu ise
(ii) Nnu Puku
(iii) Ogu nnu (ihe)
(iv) Puku nde etc

É importante salientar aqui que existe uma alternativa para qualquer nome de número formado usando o princípio subtrativo. Na maioria das vezes, o princípio subtrativo é utilizado para garantir;
(a) Economia de palavras e/ou
(b) A facilidade de efetuar uma operação aritmética básica.

- CALENDÁRIO IGBO

O **calendário Igbo** (Igbo: ***guafo Igbo***) é o sistema de calendário tradicional do povo Igbo que tem 13 meses num ano (*aro*), 7 semanas num mês (*onwa*) e 4 dias numa semana (*izu*), mais um dia extra no final do ano, no último mês.[1] O calendário tem as suas raízes mergulhadas no ritualismo e no simbolismo; muitas partes do calendário Igbo são nomeadas ou dedicadas a certos espíritos (Igbo: *Mmuo*) e divindades (Igbo: *Alusi*) da mitologia Igbo. Acredita-se que alguns dos espíritos e divindades deram ao povo Igbo o conhecimento do tempo. Os dias, também conhecidos como dias de mercado, correspondem igualmente aos quatro pontos cardeais: norte, sul, este e oeste. Embora o culto e a homenagem aos espíritos tenham desempenhado um papel muito importante na criação e desenvolvimento do sistema de calendário Igbo, o comércio também desempenhou um papel importante na criação do calendário Igbo. Este facto foi realçado na própria mitologia Igbo. Um exemplo disto são os dias de mercado dos Igbo, em que cada comunidade tem um dia designado para abrir os seus mercados.

Algumas comunidades Igbo tentaram ajustar o calendário de treze meses a doze meses, de acordo com o calendário gregoriano. O calendário não é universal nem sincronizado, pelo que vários grupos estarão em fases diferentes da semana, ou mesmo do ano. No entanto, o ciclo de quatro e oito dias serve para sincronizar os dias de mercado entre as aldeias, e partes substanciais (por exemplo, o reino Nri) partilham o mesmo início de ano.

Sistema: No calendário tradicional Igbo, uma semana (Igbo: *Izu*) tem 4 dias (Igbo: *Ubochi*) (*Eke*, *Orie*, *Afo*, *Nkwo*), sete semanas formam um mês (Igbo: *Onwa*), um mês tem 28 dias e há 13 meses por ano. No último mês, é acrescentado um dia extra. Os guardiões tradicionais do tempo em Igboland são os sacerdotes ou *Dibia* **N.º Meses (Onwa) Equivalente gregoriano**

1 **Onwa Mbu** (fevereiro-março)
2 **Onwa Abuo** (março-abril)
3 **Onwa Ife Eke** (abril-maio)
4 **Onwa An?** (maio-junho)
5 **Onwa Agwu** (junho-julho)
6 **Onwa Ifeji?ku** (julho-agosto)
7 **Onwa Al?m Chi** (agosto a princípios de setembro)
8 **Onwa Ilo Mmu?** (Final de setembro)
9 **Onwa Ana** (outubro)
10 **Onwa Okike** (Início de novembro)
11 **Onwa Ajana** (Final de novembro)
12 **Onwa Ede Ajana** (fim de novembro a dezembro)
13 **Onwa Uzo Alusi** (janeiro a início de fevereiro)

Os nomes dos dias têm as suas raízes na mitologia do Reino de Nri. Eri, o fundador do reino de Nri, que desceu aos céus, tinha ido desvendar o mistério do tempo e, na sua viagem, tinha saudado e contado os quatro dias pelos nomes dos espíritos que os governavam. Assim, os nomes dos espíritos *eke*, *orie*, *afo* e *nkwo* tornaram-se os dos dias da semana. Os dias também correspondem aos quatro pontos cardeais: Afo corresponde ao norte, Nkwo ao sul, Eke ao leste e Orie ao oeste. Estes espíritos, que eram pescadores, foram enviados por Chukwu (Grande Deus) para estabelecerem mercados em toda a região de Igboland, o que fizeram através da venda de peixe. Embora haja quatro dias, eles vêm em ciclos alternados de "maior" e "menor", dando um ciclo mais longo de oito dias.

Um exemplo de um mês: ***Onwa Mbu***

Eke	**Orie**	**Afo**	**Nkwo**
		1	2
3	4	5	6
7	8	9	10
11	12	13	14
15	16	17	18
19	20	21	22
23	24	25	26
27	28		

Utilização: O calendário Igbo não é universal e é descrito como "não sendo algo escrito e seguido, mas sim observado na mente das pessoas". **Nomeação segundo datas:** Por vezes, os bebés recém-nascidos são baptizados com o nome do dia em que nasceram, embora esta prática já não seja comum.

Nomes como *Mgbeke* (donzela [nascida] no dia de Eke), Mgborie (donzela [nascida] no dia de Orie), etc., eram comuns entre o povo Igbo. Para os homens, *Mgbo* é substituído por *Oko* (Igbo: filho [de] homem) ou *Nwa* (Igbo: filho [de]). Um exemplo disto é Nwankwo Kanu, um futebolista popular.

Meses e significados: Os meses seguintes referem-se ao calendário Nri-Igbo do reino Nri, que pode diferir de outros calendários Igbo em termos de nomes, rituais e cerimónias que envolvem os meses.

Ọnwa Mbu: O primeiro mês começa na terceira semana de fevereiro, o que faz dele o Ano Novo Igbo. O ano civil Nri-Igbo correspondente ao ano gregoriano de 2012 estava inicialmente previsto para começar com o festival anual de contagem do ano conhecido como Igu Aro a 18 de fevereiro (um dia Nkwo na terceira semana de fevereiro), mas foi adiado para 10 de março devido às eleições autárquicas no Estado de Anambra, onde se situa o reino Nri. O festival de Igu Aro, que se realizou em março, marcou o ano lunar como o 1013.º ano registado do calendário Nri.

Ọnwa Abuo: Este mês é dedicado à limpeza e à agricultura.

Ọnwa Ife Eke: É descrito como o período da fome.

Ọnwa Ano: Onwa Ano é o momento em que se inicia a plantação de inhame para sementeira.

Ọnwa Agwu: *Igochi na mmanwu* são os desfiles de máscaras para adultos que se realizam neste mês. Onwa Agwu é o início tradicional do ano. O Alusi Agwu, que dá o nome ao mês, é venerado pelos Dibia (sacerdotes), que são os que mais veneram o Agwu neste mês.

Ọnwa Ifejioku: Este mês é dedicado à divindade do inhame ifejioku e Njoku Ji e nele são efectuados rituais de inhame para o Festival do Inhame Novo.

Ọnwa Alom Chi: Neste mês é efectuada a colheita do inhame.

Ọnwa Ilo Mmuo: Neste mês, realiza-se uma festa chamada *Onwa Asato* (Igbo: *Oitavo Mês*).

Ọnwa Ana: *Ana* (ou *Ala*) é a deusa da terra Igbo e os rituais para esta divindade começam neste mês, daí o seu nome.

Ọnwa Okike: O ritual Okike tem lugar neste mês.

Ọnwa Ajana: O ritual Okike também tem lugar em Onwa Ajana.

Ọnwa Ede Ajana: Fim do ritual

Ọnwa Uzo Alusi: No último mês, é feita a oferenda aos Alusi.

- FORMAS E PADRÕES GEOMÉTRICOS

A arte Igbo é conhecida pela arquitetura Mbari. As casas Mbari dos Owerri-Igbo são grandes abrigos de planta quadrada e lados abertos. Albergam muitas figuras pintadas em tamanho natural (esculpidas em barro para apaziguar o Alusi (divindade) e Ala, a deusa da terra, com outras divindades do trovão e da água). Outras esculturas são de funcionários, artesãos, estrangeiros (sobretudo europeus), animais, criaturas lendárias e antepassados. As casas Mbari demoram anos a construir, num processo que é considerado sagrado. Quando são construídas novas casas, as antigas são deixadas a apodrecer. As casas do dia a dia eram feitas de lama e telhados de colmo, com chão de terra batida e portas com desenhos esculpidos. Algumas casas tinham desenhos elaborados, tanto no interior como no exterior.

Figura: 4

Imagens de casas Mbari em Owerri

Estes desenhos podem incluir arte Uli concebida por mulheres Igbo. Uma das estruturas únicas da cultura Igbo foram as Pirâmides de Nsude, na cidade de Nsude, em Abaja, no norte de Igboland. Foram construídas dez estruturas piramidais de barro/lama. A primeira secção de base tinha 60 pés de circunferência e 3 pés de altura. A pilha seguinte tinha 45 pés de circunferência. As pilhas circulares continuavam até ao topo. As estruturas eram templos para o deus Ala/Uto, que se acreditava residir no topo. No cimo, era colocado um pau para representar a residência do deus. As estruturas eram dispostas em grupos de cinco, paralelamente umas às outras. Como foi construída em barro, tal como a Deffufa da Núbia, o tempo fez-se sentir e é necessário reconstruí-la periodicamente. Uri (Uli) é o nome dado aos desenhos tradicionais efectuados pelo povo Igbo da Nigéria. Os desenhos Uri são fortemente lineares e não têm uma perspetiva profunda; no entanto, equilibram o espaço positivo e negativo. Os desenhos são frequentemente assimétricos e são muitas vezes pintados espontaneamente. O uri não é geralmente sagrado, à exceção das imagens pintadas nas paredes dos santuários e criadas em conjunto com alguns rituais comunitários. O desenho do uri já foi praticado em grande parte da Igbolândia, embora por artistas contemporâneos de 1970. Era geralmente praticado por mulheres, que decoravam os corpos umas das outras com tintas escuras para se prepararem para os eventos da aldeia, como casamentos, tomadas de posse e funerais; por vezes, os desenhos eram também produzidos para os dias de mercado mais importantes. Os desenhos duravam cerca de uma semana.

A maioria dos desenhos de uri tinha nomes e muitos diferiam entre as várias regiões Igbo. Alguns eram abstractos, utilizando padrões como ziguezagues e círculos concêntricos, enquanto outros representavam objectos domésticos como bancos e panelas. Alguns representavam animais, como pitões e lagartos; outros mostravam plantas, como folhas de inhame, ou corpos celestes, incluindo uma lua crescente e estrelas. Outros desenhos ainda representavam cortes e outras acções. A utilização do uri não se limitava ao corpo humano. As mulheres Igbo também pintavam murais de desenhos nas paredes dos complexos e das casas. Geralmente utilizavam quatro cores que podiam ser criadas a partir de bases naturais facilmente encontradas na zona: o preto era feito de carvão, o castanho-avermelhado da árvore camwood, o amarelo do solo ou da casca de árvore e o branco do barro. Quando os ingleses chegaram à região, no início do século XX, trouxeram consigo um aditivo comercial para lavandaria que alguns pintores utilizaram para criar um pigmento azul. O Uri não se destinava apenas a exprimir uma mensagem específica. Destinava-se também a embelezar o corpo feminino e os edifícios em que era aplicado, uma vez que a beleza é equiparada à moralidade na cultura Igbo.

Atualmente, a prática do uri é mantida viva, entre outros, pelos artistas do grupo de Nsukka, que se apropriaram dos seus desenhos e os incorporaram noutros suportes.

Figura: 5

Fotografia de uma mulher a fazer arte Uli e da pirâmide de Nsude em Abaja

- JOGOS MATEMÁTICOS:

O jogo matemático popular entre o povo Igbo é o "OKWE", que é também o que os Yoruba chamam "AYO OLOPON", que já foi analisado anteriormente.

- MEDIDA:

Além disso, a medição do tempo e da distância nas antigas tradições Igbo também é feita nos moldes das culturas Yoruba.

2.6.2 CULTURA MATEMÁTICA HAUSA

- SISTEMA DE NUMERAÇÃO

Numeral	Números cardinais	Números ordinais
0	Sifiri	
1	daya	na fari (m), na farko (pl) ta fari (f), ta farko (pl)
2	Biyu	na biyu (m), ta biyu (f)
3	Uku	na uku (m), ta uku (f)
4	hudu, fudu	na hudu (m), ta hudu (f)
5	Biyar	na biyar (m), ta (f) biyar
6	shida, shidda	na shida (m), ta shida (f)
7	bakwai, bokoi	na bakwai (m), ta bakwai (f)
8	takwas, tokwas, tokos	na takwas (m), ta takwas (f)

9	Tara	na tara (m), ta tara (f)
10	goma, gomiya (pl) é por vezes utilizado para exprimir múltiplos de dez, por exemplo, gomiya uku (30)	na goma (m), ta goma (f)
11	(goma) sha daya	na (goma) sha daya
12	(goma) sha biyu	na (goma) sha biyu
13	(goma) sha uku	na (goma) sha uku
14	(goma) sha hudu	na (goma) sha hudu
15	(goma) sha biyar	na (goma) sha biyar
16	(goma) sha shida	na (goma) sha shida
17	(goma) sha bakwai	na (goma) sha bakwai
18	(goma) sha takwas, (goma) sha tokwas, ashirin biyu [gaira] babu (lit. 20-2)	na (goma) sha takwas
19	(goma) sha tara, ashirin daya babu (lit. 20-1; babu = menos)	na (goma) sha tara, na ashirin daya babu
20	ashirin, ishirin Nota: na contagem por vintenas, hauya e laso (= uma vintena) são especialmente empregues, por exemplo, hauya uku = sittin (60)	na ashirin
21	ashirin da daya	na ashirin da daya
22	ashirin da biyu	na ashirin da biyu
23	ashirin da uku	na ashirin da uku
24	ashirin da hudu	na ashirin da hudu
25	ashirin da biyar	na ashirin da biyar
26	ashirin da shida	na ashirin da shida

27	ashirin da bakwai	na ashirin da bakwai
28	ashirin da takwas	na ashirin da takwas
29	ashirin da tara	na ashirin da tara
30	gomiya uku, talatin (Ar),	na talatina
40	gomiya hudu, arba'in (Ar)	na arba'in
50	gomiya biyar, hamsin (Ar)	na hamsin
60	gomiya shida, sittin (Ar), hauya uku (lit. 20 x 3)	na sittin
70	gomiya bakwai, saba'in (Ar)	na saba'in
80	gomiya takwas, tamanin (Ar)	na tamanin
90	gomiya tara, tis'in (Ar), tisa'in, casa'in; dari goma bus, dari gaira goma (lit. 100 - 10)	na tisa'in
98	dari gaira biyu (lit. 100 - 2)	na dari gaira biyu
99	dari gaira daya (lit. 100 - 1) etc.	na dari gaira daya
100	dari, miya, minya, zangu, darur(r)uwa (pl) (por exemplo, daruruwan manoma = centenas de agricultores)	na dari
200	dari biyu, metan, metin	na dari biyu
300	dari uku	na dari uku
380	arbaminya gaira ashirin (lit. 400 20)	na arbaminya gaira ashirin
400	dari hudu, arbaminya (Ar)	na dari hudu, na arbaminya
500	dari biyar, hamsamiya, hamsaminya (Ar)	na dari biyar, na hamsamiya
600	dari shida	na dari shida

700	dari bakwai	na dari bakwai
800	dari takwas, dari tokwas	na dari takwas
900	dari tara	na dari tara
1,000	dubu, alif (Ar), zambar	na dubu, na kashi daya daga dubu
1,200	alif wa metan	na alif wa metan
1,500	alif wa hamsaminya	na alif wa hamsaminya
1,820	dubu (alif, zambar) [daya] da dari takwas da ashirin	na dubu (alif, zambar) [daya] da dari takwas da ashirin
1,963	dubu [daya] da dari tara da sittin da uku	na dubu [daya] da dari tara da sittin da uku
1,979	alif da dari tara da saba'in da tara	na alif da dari tara da saba'in da tara
2,000	dubu biyu, alfin, alfyan (Ar)	na dubu biyu, alfin, alfyan
3,000	dubu uku, talata (Ar)	na dubu uku, na talata
4,000	dubu hudu, dubu fudu, arba (Ar)	na dubu hudu, na dubu fudu, na arba
5,000	dubu biyar, hamsa (Ar)	na dubu biyar, na hamsa
6,000	dubu shida, sitta (Ar)	na dubu shida, na sitta
7,000	dubu bakwai, saba'a (Ar)	na dubu bakwai, na saba'a
8,000	dubu takwas, tamani'a, tamaniya (Ar)	na dubu takwas, na tamani'a, na tamaniya
9,000	dubu tara, zambar tara, tisi'a	na dubu tara, na zambar tara, na tisi'a

10,000	dubu goma, zambar goma	na dubu goma, na zambar goma
40,000	dubu arba'in	na dubu arba'in
100,000	zambar dari	na zambar dari
999,999	dubu dari tara da gomiya tara da tara, da dari tara da gomiya tara da tara	na dubu dari tara da gomiya tara da tara, na da dari tara da gomiya tara da tara
1,000,000	miliyan, miliyoyi (pl), zambar alif, zambar dubu, dubu dari goma, alif alif	na miliyan
1,000,000,000	miliyan dubu daya, biliyan	na miliyan dubu daya
^	Rabi	
1/3	Sulusi	
%	rubu'i	
%	rubu'i uku	
1/5	Humusi	
2/5	biyu cikin biyar, biyu bisa biyar	
1/6	Sudusi	
1/7	subu'i	
1/8	sumuni, tumuni	
5/8	biyar bisa takwas	
1/9	tusu'i	
1/10	ushuri, ushiri	
1/11	daya cikin goma sha daya	
1/20	daya bisa ashirin	
1,2	daya da digo biyu	
2 x 3 = 6	biyu sau uku shida ne	

10 x 5 = 50	goma sau biyar daidai da hamsin	
Uma vez	sau daya	
Duas vezes	har sau biyu	
Três vezes	sau uku, guda uku	
a primeira vez	sau na farko	

Notas

- O "goma" pode ser omitido quando se conta de 11 a 19.
- "gaira" e "babu" = menos, sem, menos

- FORMAS GEOMÉTRICAS NA CULTURA HAUSA

A discriminação visual e a memória visual eram necessárias para a sobrevivência no ambiente selvagem da terra Hausa, tal como representado nas artes rupestres Dawakin kudu do estado de Kano. O padrão de povoamento na cultura Hausa descreve os conhecimentos geométricos utilizados na disposição das formas circulares, espirais, cónicas, rectangulares, losangulares e simétricas nas vilas, cidades e aldeias Hausa.

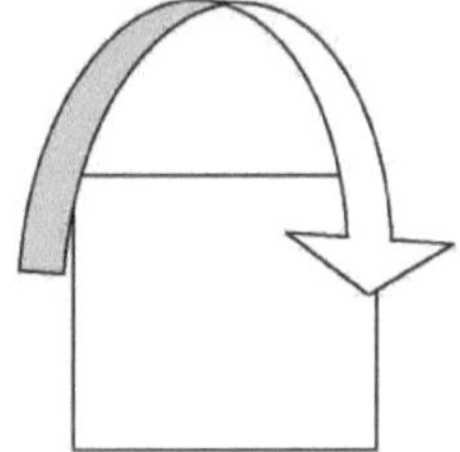

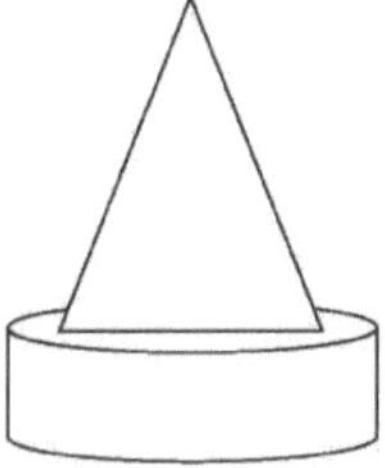

Algumas figuras que ilustram as formas geométricas hauçá. Do mesmo modo, as colmeias de abelhas podem dar vida real às nossas aulas de matemática quando se discutem polígonos regulares, tais como: triângulo, quadrado, pentágono, hexágono, superfície fechada e curva poliédrica, que estão associados à abelha, um inseto bem conhecido na terra Hausa. A ideia pode ser utilizada na construção pitagórica de 3, 4, 5 e 6 gónadas, bem como na solução de problemas isoperimétricos de delimitação de uma determinada área com a circunferência mais curta possível, utilizando n gónadas regulares. Quanto maior for o número de n-gonos, melhor e o melhor deles é um círculo. Sendo um padrão de desenho de colmeias de abelhas comum em toda a terra Hausa, toca numa área da matemática denominada TESESLLAÇÕES. Segundo Pappos [350 d.C.], citado por Bekken [1990], a economia de cera ou de mel é a força motriz que leva as abelhas a escolherem hexágonos para a construção das suas colmeias. Erasmus Bartholin [1660], ainda em Bekken [1990], afirma que a pressão exercida por outras células é a razão natural da escolha do círculo, dos hexágonos ou dos n-gons pelas abelhas. De facto, o espaço preenchido pelas células das abelhas é mais do tipo poliédrico regular, constituído por 5 convexos, como os gregos conheciam. Do ponto de vista computacional, quando a célula da abelha é dissecada ou cortada para abrir a superfície, obtém-se um certo número de formas de losangos, como na figura acima, cuja área é calculada utilizando a fórmula de Pitágoras. A maior parte das artes, arquitetura e design hauçá e africanos contêm padrões de faixas e planos de simetrias bilaterais e rotacionais. Por exemplo, a simetria axial Hausa em cestaria, pintura de cabaças, fabrico e curvatura de cadeiras e a forma de "RUMBU".

- JOGOS MATEMÁTICOS HAUSA

Por exemplo, na cultura Hausa, há muitos jogos e adivinhas relevantes para o desenvolvimento de ideias matemáticas, como se ilustra a seguir: Adivinhas e jogos Hausa e os seus conceitos matemáticos

1. Uku, Uku game gari [Murhu] - Contagem, quantidade, bases numéricas, etc
2. Dakin saurayibabukofa [kwai] - Geometria, construção, fecho, etc
3. Hikayarmutum da kare da kaza da dawazasutsallakekogi a Kankwale - kwalemaiiyadaukarabugudadayatakdashimutum. Yayazaitsallakedasudayadaya - Raciocínio lógico, operações aritméticas, resolução de problemas, probabilidade de diagramas, equações algébricas, etc.
4. Wawanmutummaihudacikinsa [Allura da Zare] - Estimativa, raciocínio lógico, observação, memória visual, geometria, funções e limites, etc.
5. Kai yautaine - engenhoso, atencioso, solucionador de problemas, transformador, mudança e dinâmica, adição, abstração, etc.
6. Shanunadubumadaurinsudaya [Tsintsiya]- Contagem, bases numéricas, quantidade, diagrama, raciocínio lógico, limite, etc.
7. Aiki da hankaliyafiaiki da agogo- Pensamento lógico, consciência do tempo, trabalho efectuado, resolução de problemas, estratégia, etc.
8. Dara, Carafke, Gala-gala, langa, Macukule, Jataumaimagani, Yarmero, Wayatsallakaka, kullekurchiya, malamnabakinkogi, tankomaikanbashi, etc. - Recreação, contagem, raciocínio lógico, acaso, probabilidade, memória visual, diagrama, operação aritmética, método de substituição, consciência do tempo, resolução de problemas, etc.
9. Tantabarusukasauka far akanbishiyar da akekitsokarkashinta, saimaikitsontacesannudariwaddaakeyiwakitsontace a asaidai in an hadakamarsu da rabinkamarsu. Sabodahakasunawa ne- Raciocínio lógico, equação algébrica, contagem, resolução de problemas, quantidade, acaso, partilha, etc.
10. Talleyana son yatsunkomangorogudabiyudagacikinlambu. Ammlambunyana da kofagudagomakowaccekofatana da maigadi. Masugadinsukacemasadukmangoron da yadeborasurabadashidaidaiwadaida. Sabodahakamangoronawa Tallezaidebo- Contagem, raciocínio lógico, resolução de problemas, equação simultânea, quantidade, acaso, probabilidade, partilha, dobro, progressão geométrica, etc.
11. Os puzzles em hausa "Wasakwakwalwa" são um jogo que molda as capacidades de raciocínio intelectual dos indivíduos (crianças e adultos).

Apresentámos acima alguns bons exemplos de adivinhas e jogos Hausa que são pertinentes tanto para a matemática tradicional como para a matemática escolar. O que é fundamental é que os professores se esforcem mais por encontrar mais adivinhas e jogos hauçá, de modo a relacionar a matemática fora da escola com a matemática escolar. Assim, o património matemático Hausa será promovido e os professores de matemática poderão explorar mais formas de resolver problemas matemáticos.

Outra componente matemática da cultura Hausa está presente nos seus festivais, como os festivais IdlFitr e IdlKabir [Bikinsallakarama da Babbarsalla, Yahaya e Yusufu, 1992]. A matemática que neles se entrelaça é, entre outras, a seguinte

1. O conceito de contar 29 ou 30 dias antes de citar o novo mês, seja para iniciar o jejum do Ramadão ou para celebrar os dois festivais de salla. O primeiro dia do mês do Ramadão para iniciar o jejum do Ramadão, o primeiro dia de Shawwal para iniciar a celebração do IdlFitr [karamarsalla] e o décimo dia de DhulHijja para iniciar a celebração do festival IdlKabir [Babbarsalla].

2. Consciente do tempo e empenhado em conhecer o calendário lunar baseado em meses como Rajab, Shaaban, Ramadão, Shawwal, DhulKhidda, DhulHijja, Muharram, Safar, RabiulAwwal, RabiulThani, Jumada Awwal e Jumada Akhir.

A cultura hauçá promove competências de comunicação na língua hauçá que permitem aos seus membros: participar em actividades na sala de aula, incluindo aulas de matemática, participar em transacções e interações quotidianas; extrair informações e obter prazer dos meios de comunicação social tradicionais, considerar como uma opção realista a possibilidade de realizar actividades de lazer, prosseguir estudos e oportunidades de carreira através de outras línguas, como a língua da matemática.

3. 7.0 Impacto deste estudo no desempenho académico dos alunos

Os estudos de investigação realizados por diferentes académicos, indivíduos e instituições de investigação examinaram, num momento ou noutro, o impacto relativo do estudo da etnomatemática no desempenho ou rendimento académico dos estudantes. De acordo com a investigação levada a cabo por Emmanuel E. Achor et al (2009) sobre o efeito da abordagem de ensino da etnomatemática no desempenho e na retenção in locus dos alunos do ensino secundário. O estudo de investigação mostrou que os alunos ensinados com a Abordagem de Ensino Etnomatemática (ETA) tiveram uma média de resultados mais elevada no Locus do que os seus homólogos ensinados com a abordagem convencional. A razão para este melhor desempenho do grupo da ETA pode ser o facto de os alunos terem sido capazes de integrar ou relacionar os seus antecedentes de estudo e o seu ambiente imediato com o aspeto estrangeiro da aprendizagem do Locus. Esta conclusão está de acordo com a de Uloko e Usman (2008). O ensino foi feito de uma forma prática e, como tal, flui de casa para a escola e da escola para a profissão e para a vida quotidiana (Uloko e Ogwuche, 2007). Assim, a natureza abstrata do ensino e da aprendizagem da matemática parece ter sido reduzida. Este facto está de acordo com a definição de etnomatemática de D'Ambrosio (2001), que afirma que se trata de uma abordagem do ensino e da aprendizagem da matemática que se baseia nos antecedentes, no papel que o seu ambiente desempenha em termos de conteúdo e método, e nas suas experiências passadas e presentes. Isto também está de acordo com observações anteriores de que o insucesso em matemática na Nigéria se deve ao facto de o ensino e a aprendizagem serem de natureza puramente estrangeira (Obodo, 1997; Kurumeh, 2004; Uloko, 2006; Uloko e Imoko, 2007; Uloko e Ogwuche, 2007). O elevado aproveitamento dos alunos neste estudo também mostra que, quando a ATE é utilizada de forma prática, pode ser uma abordagem de ensino eficaz. Isto está de acordo com o ponto de vista de D'Ambrosio (2001), que afirma que a ATE também pode ser utilizada de forma prática, pelo que, tal como Harbor-Peters (2001) afirmou, o baixo aproveitamento dos alunos em matemática pode ser atribuído à não utilização de uma abordagem pedagógica adequada.

Além disso, o estudo realizado por Iluno C. e Taylor J. J (2013) sobre Etnomatemática: a chave para otimizar a aprendizagem e o ensino da Matemática revelou que os alunos ensinados com ETA também tiveram uma pontuação média de desempenho mais elevada do que os seus homólogos ensinados com a abordagem convencional. Verificou-se que os alunos ensinados com a ETA foram capazes de atualizar e concretizar facilmente os conceitos e competências ensinados, uma vez que existia uma ligação entre o conteúdo e a sua cultura e ambiente imediatos com o aspeto estrangeiro da aprendizagem. Esta conclusão está de acordo com Uloko e Ogwuche, (2007). O ensino também foi feito de uma forma orientada para a prática e flui em duas vias de trânsito, ou seja, de casa para a escola e da escola para a vida quotidiana. Assim, a natureza abstrata do ensino e da aprendizagem dos conceitos matemáticos foi reduzida a um nível mínimo/zero. O elevado desempenho dos alunos ensinados com a ETA demonstrou que a ETA é uma abordagem de ensino orientada para a prática, que incorpora a resolução de problemas, e que pode ser uma abordagem de ensino eficaz para reduzir o fraco desempenho dos estudantes de matemática nas instituições de ensino superior na Nigéria, que se deve a uma abordagem de ensino inadequada.

Em conclusão, o aproveitamento e a retenção em Matemática neste estudo dependem da abordagem de ensino. Os alunos expostos à ATE foram superiores em termos de aproveitamento e retenção do que os expostos ao método de ensino convencional. Em geral, a ATE provou ser uma opção viável para promover uma aprendizagem significativa em Matemática. Por conseguinte, recomenda-se que os professores de Matemática e os docentes recebam formação sobre a utilização da abordagem de ensino etnomatemática nas suas aulas para um futuro melhor. Este estudo expôs o facto de a abordagem de ensino etnomatemática ser mais eficaz do que o método de ensino convencional.

2.8.0 Resumo

Todos sabemos que a Matemática é suficientemente forte e rica para nos ajudar a construir uma civilização com dignidade para todos, na qual a iniquidade, a arrogância e o fanatismo não têm lugar, e na qual a ameaça à vida, sob qualquer forma, é rejeitada. Para isso, precisamos de devolver a Ética à nossa Matemática. A História diz-nos que, até ao final do século XVIII, a Matemática esteve impregnada de uma ética conveniente à estrutura de poder da época. Por isso, faz sentido falar de ética na Matemática. Acredito que a Etnomatemática pode ajudar-nos a atingir o objetivo de uma Matemática impregnada de Ética. A Etnomatemática como programa de investigação em história e filosofia da Matemática, com implicações pedagógicas, centrando-se nas artes e técnicas [tics] de explicar, compreender e lidar com [mathema] diferentes ambientes socioculturais [ethno], a sua vertente pedagógica tem respostas para os grandes objectivos da educação que são:

- Promover a criatividade, ajudando as pessoas a realizarem o seu potencial e a atingirem o máximo das suas capacidades;
- Promover a cidadania, transmitindo valores e compreendendo os direitos e responsabilidades na sociedade.

Uma pedagogia conveniente para a Etnomatemática inclui projectos e modelação. O cenário atual exige uma visão crítica do ensino da Matemática como resultado da acentuação da sua dimensão política, mas isto encontra a resistência de uma perceção nostálgica e obsoleta do que é a Matemática. A resistência contra a Etnomatemática pode ser o resultado de uma confusão prejudicial da Etnomatemática com a etnomatemática, causada por uma forte ênfase em estudos etnográficos, por vezes não apoiados por fundamentos teóricos, o que pode levar a uma perceção folclórica da Etnomatemática.

Tendo analisado diferentes estudos de investigação sobre a inter-relação, as diferenças, as semelhanças e a relação entre estes três conceitos: Etnomatemática, Matemática moderna e literacia matemática por diferentes académicos e instituições de investigação, é muito óbvio que estes três conceitos acima mencionados são ferramentas indispensáveis para o desenvolvimento social e económico. No entanto, devido às complexidades das noções e aos enormes problemas colocados pela Matemática moderna, é necessário concentrar-se adequadamente na melhoria da literacia matemática entre os estudantes e os membros da sociedade. Por conseguinte, a análise, o desenvolvimento, a possível reconstrução e a implementação de tendências matemáticas culturais podem ser uma solução para a ameaça da matemática moderna na sociedade. A etnomatemática incentiva-nos a testemunhar e a tentar compreender como a Matemática continua a ser adaptada e utilizada por pessoas de todo o mundo. Além disso, os alunos devem ser encorajados a construir conhecimentos matemáticos pessoais, a desenvolver a literacia quantitativa e a cultivar competências de pensamento crítico. Quando as invenções, experiências e aplicações da Matemática de todos os alunos são compreendidas e respeitadas, é-lhes dada igual oportunidade de acesso e de sucesso (Harvard University Achievement Gap Initiative, 2008; Kyselka, 1987; NCTM, 2008; Stigler & Hiebert, 1999; UCLA Center X, 2008). A etnomatemática, que relaciona a Matemática com a cultura e o ambiente, deve ser considerada adequada para esta tarefa de desenvolvimento, especialmente na Nigéria.

CAPÍTULO 3

METODOLOGIA DE INVESTIGAÇÃO

A metodologia de investigação é o processo utilizado para recolher informações e dados com o objetivo de tomar decisões. Nesta secção, é destacada a metodologia utilizada para o estudo de investigação.

3.1 Conceção do estudo

Foi adoptada uma técnica de conceção de inquérito para o estudo. Foi utilizado o método do questionário e da entrevista para investigar este estudo. As respostas foram recolhidas e a entrevista foi gravada enquanto o entrevistador entrevistava o inquirido. **3.2 População do estudo**

A população do estudo inclui as tribos Yoruba e Hausa da Nigéria. A escolha desta população deve-se ao facto de constituir as três maiores tribos da Nigéria.

3.3 Amostra e técnicas de amostragem

Este estudo recorre a um processo de amostragem intencional. Esta técnica é geralmente designada por amostragem por julgamento (Sambo, 2005). Segundo esta técnica, são selecionados da população elementos de amostragem considerados típicos ou representativos. A utilização desta técnica é rentável, conveniente e geralmente útil em inquéritos sobre atitudes e opiniões. Além disso, esta técnica foi utilizada para dar a todos e a cada um dos membros da população amostrada igualdade de representação. Foi esse o objetivo da seleção de uma amostra representativa igual de Kano, Enugu e Oyo, na Nigéria.

Foram selecionadas cinco escolas secundárias públicas de cada tribo (i.e. Yorubatr, Igbo e Hausa) em Ondo, Kano e Enugu, respetivamente: Ondo;

1. Escola Secundária para Rapazes de Ondo, Ondo.
2. St. Joseph's College, Ondo.
3. Escola Secundária St. James' (Ang), Ondo.
4. Escola Secundária St. Louis, Ondo.
5. St. Monica's girls Grammar School

<u>Kano;</u>

1. Colégio do Governo Federal, Kano.
2. Escola Secundária St. Louis, Kano.
3. Rumfa College Kano.
4. Escola Secundária Ahmadiyya, Kano
5. Escola Secundária St. Thomas, Kano.

<u>Enugu;</u>

1. Colégio do Governo Federal, Enugu.
2. Queen's School Enugu.
3. Escola Secundária Command Day Enugu
4. Escola Secundária Batista, Enugu.
5. Escola Secundária St. Theresa, Enugu.

Foram selecionadas catorze amostras de cada escola, constituídas por dez dos melhores alunos de Matemática de cada escola e quatro professores de Matemática, incluindo o chefe de departamento de Matemática de cada escola, respetivamente. Os questionários foram administrados às amostras em conformidade.

3.4 Instrumentação

Foram aplicados questionários aos alunos e professores das escolas selecionadas. O questionário foi estruturado, organizado e validado pelo meu supervisor. Foi também utilizado um inquérito por entrevista pessoal para recolher informações históricas junto de homens idosos que são guardiães da história em cada tribo. A informação obtida foi registada, compilada e posteriormente analisada no capítulo quatro deste estudo de investigação.

3.5 Método de análise de dados

Na análise dos dados, o investigador utilizou estatísticas descritivas e inferenciais, incluindo

a percentagem simples e o teste t. Os resultados foram testados ao nível de significância de 0,5. Os resultados foram testados com um nível de significância de 0,5.
As pontuações totais de cada questionário foram calculadas para testar as opiniões dos inquiridos. Foi utilizada a estatística do teste t para duas amostras independentes, utilizando a fórmula

$$t = \frac{\overline{X}_1 - \overline{X}_2}{\sqrt{\frac{(N_1 - 1)S_1^2 + (N_2 - 1)S_2^2}{N_1 + N_2 - 2}\,[1/N_1 + 1/N_2]}}$$

O problema implicava a comparação de dois grupos independentes com o mesmo número de inquiridos, pelo que esta fórmula foi adoptada para o efeito.

CAPÍTULO 4

APRESENTAÇÃO E ANÁLISE DE DADOS

Os resultados do estudo são aqui apresentados de acordo com as questões e hipóteses de investigação.

4.1 Questão de investigação 1:

Estarão os professores de Matemática e os alunos conscientes destes valores culturais e indígenas que promovem o conhecimento matemático?

Hipótese:

H1: Os professores e os alunos não estão conscientes destes valores matemáticos culturais.

Resultados:

Quadro 4.1.1

PERGUNTA NÃO.		RESPOSTAS				GERAL RESPOSTAS	
		TR		DST			
TR.	DST .	Xi	x2	X1	x2	E X1	x2
1	2	42	18	118	32	160	50
2	3	55	5	27	123	82	128
3	4	54	6	70	80	124	86
4	5	59	1	76	74	135	75
5	6	21	39	107	43	128	82
TOTAL		**231**	**69**	**398**	**352**	**629**	**421**

Percentagem:

Respostas do aluno X1 = 53%

Respostas X2 do aluno = 47%

Respostas X1 do professor = 77%

Respostas X2 do professor = 23%

Respostas globais X1 = 60%.

Respostas globais X2 = 40%.

Implicações dos resultados:

A análise dos resultados na tabela 4.1 e a percentagem global das respostas dos professores e dos alunos mostra que 60% responderam que estão conscientes destes valores culturais que promovem o conhecimento matemático, enquanto 40% responderam que não estão conscientes destes valores culturais matemáticos. Por conseguinte, a hipótese **H1** que afirma que: Os professores e os alunos não estão conscientes destes valores matemáticos culturais, é rejeitada e, implicitamente, é aceite a hipótese de que os professores e os alunos estão conscientes destes valores matemáticos culturais.

Este resultado indica que os professores e os alunos estão conscientes destes valores matemáticos culturais, **4.2 Questão de investigação 2**

Em que medida é que a cultura Hausa, Igbo e Yoruba promove o conhecimento matemático antes da infiltração da cultura ocidental?

Hipótese:

H2: As culturas Hausa, Igbo e Yoruba da Nigéria não promovem o conhecimento matemático antes da infiltração da cultura ocidental.

Resultados:

Quadro 4.2.1

Teste T sobre a resposta dos correspondentes

Resposta	N	X"	SD	DF	t-cal	t-val	P	Observação
Xi	5	125.8	28.20	8	2.33	2.31	0.05	Significativo
X2	5	84.2	28.20					

Implicações dos resultados

A análise dos resultados na tabela 4.2.1 mostra que o 't' calculado de 2,33 é superior ao valor da tabela de 2,31 com df = 8 a um nível alfa de 0,05. Isto mostra, portanto, que **H2**, que afirma que: a cultura Hausa, Igbo e Yoruba da Nigéria não promove o conhecimento matemático antes da infiltração da cultura ocidental, é rejeitada, o que implica que a cultura Hausa, Igbo e Yoruba da Nigéria promove o conhecimento matemático antes da infiltração da cultura ocidental, é aceite.

O resultado indica que as culturas Hausa, Igbo e Yoruba da Nigéria promovem o conhecimento matemático antes da infiltração da cultura ocidental.

4.3 Questão de investigação 3

Os professores de Matemática utilizam este conhecimento cultural durante o processo de ensino e aprendizagem?

Hipótese:

H3: Os professores não utilizam estes conhecimentos culturais e indígenas durante o processo de ensino e aprendizagem?

Resultados:

Quadro 4.3.1

PERGUNTA NÃO.		RESPOSTAS				GERAL RESPOSTAS	
		TR		DST			
TR.	DST .	Xi	X2	X1	X2	E X1	X2
6	1	15	45	118	32	133	77
7	7	13	47	88	62	101	109
8	8	17	43	62	88	79	131
9	9	27	33	43	107	70	140
TOTAL		**72**	**168**	**311**	**289**	**383**	**457**

Percentagem:

Resposta X1 dos professores= 30%
Resposta X2 dos professores= 70%
Resposta X1 dos alunos= 52%
Resposta X2 dos alunos= 48%
Resposta global X1 = 46%
Resposta global X2 = 54%

Quadro 4.3.2

Tabela de teste T sobre as respostas dos correspondentes

Resposta	N	X	SD	DF	t-cal	t-val	P	Observação
X1	4	95.75	28.04	6	0.93	2.45	0.05	Não Significativo
X2	4	114.25	28.04					

Implicações dos resultados

A análise dos resultados na tabela 4.3.2 mostra que o 't' calculado de 0,93 é inferior ao valor da tabela de 2,45 com df= 6 a um nível alfa de 0,05. 46% dos inquiridos responderam 'Sim' e 56% responderam 'Não'. Isto mostra, portanto, que **H3**, que afirma que: os professores não utilizam este conhecimento cultural durante o processo de ensino e aprendizagem, é aceite. O resultado indica que os professores não utilizam este conhecimento cultural durante o processo de ensino e aprendizagem.

DISCUSSÃO

A partir da análise da pergunta de investigação (1) acima, embora a percentagem de inquiridos que conhecem este património cultural e matemático exceda a dos que não o conhecem, não é de excluir que existam alguns factores responsáveis por aqueles que afirmam não o conhecer. O ambiente imediato, os antecedentes parentais, a educação e a exposição dos inquiridos não podem ser negligenciados entre estes enormes factores. Os estudantes ou professores que vivem na cidade podem não estar conscientes destes valores matemáticos, a não ser que os seus pais os tenham instruído de uma forma ou de outra. É trivial nos tempos que correm que a maioria dos conhecimentos tradicionais como este estejam a desaparecer gradualmente da nossa sociedade. E é nosso dever preservar estes valores, especialmente os que são de natureza matemática. Os professores com idades compreendidas entre os 35 e os 41 anos (designados por professores da "velha guarda"), nas suas respostas ao questionário, assinalaram maioritariamente a opção "Sim", o que confirma que os professores mais velhos e experientes estão familiarizados com estes atributos nas culturas nigerianas, enquanto os professores entre os 23 e 34 anos (referidos como professores "civilizados") assinalaram o contrário, o que pode dever-se à sua pouca idade e exposição, porque a maioria destes valores só é conhecida pelos mais velhos na sociedade e os jovens desta geração abominam frequentemente a maioria dos valores arcaicos que podem estimular ou desenvolver o raciocínio humano. Em vez disso, envolvem-se em actividades que podem promover a decadência e degradar a excelência moral.

Na pergunta de investigação (3) da análise acima, que indica que os professores não utilizam estes valores matemáticos culturais na instrução dos seus alunos durante o processo de ensino e aprendizagem. 70% dos professores confessaram o seu fracasso na utilização destas heranças matemáticas culturais que poderiam ser úteis aos alunos, especialmente aos alunos aborígenes, na assimilação rápida das aulas de matemática. No entanto, poucos dos professores, que constituem 30% dos professores, responderam que utilizam estes conceitos e actividades culturais para dotar os alunos de conhecimentos adequados. Esta pode ter sido a causa da elevada taxa de insucesso registada pelos organismos de exame na disciplina de Matemática, especialmente nas escolas primárias e secundárias da Nigéria (Sanni e Ochepa, 2002; Uloko e Imoko, 2007; Abakpa e Agbo-Egwu, 2008). Iluno C. e Taylor J. J (2013), em Ethnomathematics: the key to optimizing learning and teaching of Mathematics, revelaram que os alunos ensinados com a ETA também tiveram uma pontuação média de desempenho mais elevada do que os seus homólogos ensinados com a abordagem convencional.

Além disso, 60% dos professores e dos estudantes, ao responderem à pergunta de investigação (2), indicaram que as duas culturas, hauçá e ioruba, promovem o pensamento matemático entre os seus filhos de muitas formas, tais como: contagem, medição, cálculo do tempo, classificação, rastreio e algumas ideias matemáticas em adivinhas, jogos, contos, edifícios, vestuário, mobiliário, tecnologia, artesanato e muitas outras que são relevantes para a ciência e o ensino técnico. Este facto está de acordo com a investigação realizada por Garba Shuaibu (2014), sobre práticas culturais e capacidade de raciocínio matemático entre estudantes do ensino secundário hauçá e iorubá nos estados de Kano e Oyo, na Nigéria, segundo a qual a cultura hauçá e iorubá da Nigéria promove o raciocínio matemático de várias formas. As respostas a esta pergunta, de acordo com cada um dos inquiridos da área da amostra, revelam que, antes da colonização, a cultura Hausa, Igbo e Yoruba da Nigéria promove o conhecimento matemático e que os professores e os alunos estão conscientes destes valores matemáticos culturais. Além disso, a nossa linhagem tem uma forma de numerar, calcular, estimar, medir, quantificar, referenciar (eventos lunares), conceber e jogar jogos antes da ocidentalização. Estes atributos estão integrados na sua cultura e são abordados em termos matemáticos.

4.4 QUESTÃO DE INVESTIGAÇÃO 4

Quais são as culturas e tradições de numerar, contar, localizar, referenciar, inferir, medir, desenhar e jogar que promovem o conhecimento matemático entre os povos Hausa, Igbo e Yoruba na Nigéria?

Os inquiridos escreveram algumas destas actividades nos seus questionários e alguns, que são guardiões da história na área da amostra, durante a sessão de entrevista, descreveram esses elementos culturais e tradições dos seus antepassados na numeração, contagem, localização, eventos lunares, medição, conceção e realização de jogos que promovem o conhecimento matemático na sua cultura. As respostas foram registadas durante a sessão de entrevista e foram apresentadas anteriormente na revisão da literatura, juntamente com as pesquisas efectuadas por académicos e também com a utilização da Internet para estabelecer os factos de acordo com cada tribo, começando pelos iorubás, hauçás e, por último, os igbos da Nigéria.

RESUMO, CONCLUSÃO E RECOMENDAÇÕES

Resumo

A matemática é uma compilação de descobertas e invenções progressivas de culturas de todo o mundo ao longo da história. A sua história e etnografia formam um maravilhoso mosaico de contributos culturais. Hoje, também nós estamos a desempenhar um papel na evolução da disciplina da matemática. É altura de os educadores melhorarem a sua compreensão do papel que a cultura desempenhou e continua a desempenhar na formação do desenvolvimento matemático. É altura de os educadores capacitarem os seus alunos com este conhecimento vital.

Um currículo matemático cultural também distorce os factos que as crianças aprendem sobre como a matemática evoluiu e quem contribuiu para essa evolução. Os contributos históricos que são descritos são muitas vezes eurocêntricos, prestando homenagem aos gregos de pele clara como os fornecedores da maior parte do nosso conhecimento matemático significativo. Raramente se ensina às crianças que vários dos antigos matemáticos gregos, por exemplo, Pitágoras e Tales, o lendário fundador da matemática grega, viajaram e estudaram em locais como a Índia e o Norte de África, onde adquiriram grande parte dos seus conhecimentos matemáticos. Os alunos sabem pouco sobre as invenções ou aplicações matemáticas de povos antigos não europeus como os egípcios, os babilónios, os maias e os incas, para citar apenas alguns, porque muitas vezes não lhes foi ensinado que muitas culturas contribuíram para o desenvolvimento da matemática, culturas com membros que eram certamente inteligentes, engenhosos e criativos. Esta instrução incorrecta induz todas as crianças em erro sobre a riqueza da sua história matemática e, de certa forma, sobre os povos que povoaram este planeta. As crianças de cor, enquanto grupo, não obtiveram o mesmo nível de sucesso matemático que os alunos europeus americanos nas nossas salas de aula e estão frequentemente sub-representadas em cursos de matemática de nível superior e em profissões que exigem competências matemáticas significativas. Para estas crianças,
o efeito desta desinformação pode ser particularmente devastador. Muitas destas crianças simplesmente não se apercebem de que são matematicamente capazes e que possuem, de facto, um longo e rico património matemático.

Conclusão

Este artigo compara a matemática moderna, a etnomatemática e a literacia matemática, analisando o seu significado e papel no âmbito da educação matemática. A etnomatemática já não está reservada às pessoas ditas não alfabetizadas; refere-se agora à diversidade cultural na educação matemática. Os professores de matemática são, portanto, desafiados a lidar com as diversas práticas matemáticas quotidianas dos alunos.

De acordo com a declaração da UNESCO (1948) sobre educação e a declaração da OEDC (2004) sobre literacia matemática, a etnomatemática ganhou claramente um papel mais proeminente. Nos currículos ocidentais, a etnomatemática tornou-se importante para ser explorada como uma filosofia alternativa e implícita das práticas matemáticas escolares. A noção alargada de etnomatemática, que trata da diversidade cultural dos alunos e das suas práticas matemáticas quotidianas, aproxima a matemática do ambiente social do aluno. A etnomatemática é um programa e uma prática implicitamente orientados por valores no domínio da matemática e da educação matemática. Baseia-se numa atitude emancipatória e crítica que promove a emancipação e a igualdade (Powell & Frankenstein 1999). Enquanto a chamada matemática académica ocidental ainda está presa no debate sobre se é imparcial ou orientada por valores, os objectivos da etnomatemática destacam-se claramente desde o início. O historiador da matemática, Dirk Struik, postulou a importância da etnomatemática. Ele valida a etnomatemática como um programa académico e político. A matemática está ligada à sua origem cultural, tal como a educação está ligada à justiça social (Powell & Frankenstein, 1999).

Observou-se que estes estudos inspiraram um interesse crescente na incorporação cultural das práticas matemáticas, incluindo as "ocidentais". No âmbito da filosofia da matemática, isto veio juntar-se ao leque de estudos, surgidos desde meados do século XX, que se propõem coletivamente como "alternativos" aos estudos fundacionais, trazendo de volta a natureza do conhecimento matemático para onde parece pertencer: nas práticas de seres humanos concretos, limitados e falíveis.

No que diz respeito ao ensino da matemática, há que registar também uma série de evoluções cruciais. Os países menos desenvolvidos deixaram cada vez mais de se limitar a importar os currículos matemáticos ocidentais "superiores" e, em vez disso, começaram a implementar práticas educativas locais, que é o objetivo deste trabalho de investigação sobre o sistema educativo nigeriano.

No próprio mundo desenvolvido, o interesse deslocou-se (ou alargou-se) do exotismo para a diversidade cultural: A etnomatemática na escola deixou de significar um intervalo de um minuto entre os exercícios técnicos, para se tornar um dos instrumentos para uma melhor aprendizagem de como lidar com as diferenças interculturais dentro ou fora do ambiente imediato. As filosofias do igualitarismo e da emancipação influenciaram estas mudanças na educação, ao ponto de também terem sido inscritas em capítulos de programas políticos globais (UNESCO, OCDE, PISA) que se esforçam por garantir o direito de todos os seres humanos à literacia matemática.

Os decisores em matéria de educação matemática na Nigéria são confrontados com um duplo desafio. Por um lado, têm de apoiar as mudanças da tecnologia da informação para preparar os estudantes para os empregos de amanhã e para prosseguirem os estudos. Por outro lado, devem incluir questões culturais que possam ajudar os alunos na aprendizagem da matemática. No entanto, não há dúvida de que cada cultura tem a sua própria "ciência", que faz parte da sua herança e é o resultado da luta pela sua sobrevivência. Esta "ciência" não deve ser apenas preservada nos museus, mas deve também ser utilizada para alcançar melhores resultados no desenvolvimento e na educação, incorporando-a assim nos currículos escolares.

Este pode ser também o papel que um programa de etnomatemática pode desempenhar na educação matemática. Os objectivos de um programa deste tipo são também dirigidos aos estudantes que pertencem a populações específicas, quer se encontrem numa sociedade mono ou multicultural.

É óbvio, a partir dos debates acima referidos, que uma das formas significativas de reduzir as dificuldades de aprendizagem da matemática entre os alunos é desenvolver um currículo de matemática que tenha em conta as ricas experiências matemáticas fora da escola que as crianças trazem para a sala de aula formal. A utilização de sistemas de contagem tradicionais no ensino das estratégias formais de aritmética inglesa nas escolas é um exemplo que proporciona uma experiência de aprendizagem significativa e relevante para as crianças em idade escolar, colmatando simultaneamente a lacuna de conhecimentos entre a matemática escolar e os sistemas baseados nos conhecimentos indígenas existentes nas respectivas culturas. A atual reforma do currículo escolar prescrito a nível nacional encoraja fortemente a utilização de sistemas baseados nos conhecimentos indígenas no ensino das respectivas disciplinas escolares. Esta abordagem exigiria, sem dúvida, que o professor reajustasse a sua abordagem ao ensino da matemática para acomodar as experiências matemáticas extra-escolares dos seus alunos, como forma não só de garantir que a aprendizagem da matemática é significativa, mas também de permitir que os alunos relacionem o que aprendem na escola com os seus encontros quotidianos na vida, tornando a matemática culturalmente relevante e inclusiva.

A sugestão é cobrir a lacuna entre o passado e o futuro, recolhendo exemplos da cultura tradicional, por um lado, e exemplos da tecnologia da informação e do software, por outro. Ao fazê-lo, um aluno pode enriquecer a sua experiência e alargar a sua visão, o que resultará numa melhor compreensão e aprendizagem da matemática.

Recomendações

O investigador faz as seguintes recomendações:

1) Para manter e melhorar a natureza e o nível de literacia matemática entre estes sujeitos de investigação, professores, alunos e pais, é necessário incluir o uso da Etnomatemática no currículo de Matemática dos estabelecimentos de ensino na Nigéria. Isto para permitir que os alunos, os professores e os pais compreendam as questões e os problemas da sua sociedade (D'Ambrosio, 1990, 1995; Croom, 1997; Fasheh 1982; Zaslavsky, 1991, 1996, 1998). Através de experiências culturais cada vez mais sofisticadas, os alunos aprendem a dar contributos e a

apreciar as suas culturas (D'Ambrosio, 1990, Joseph, 1991, Zaslavsky, 1996). A ênfase na utilização de materiais didácticos etnomatemáticos deve ser colocada no currículo nacional de Matemática para as escolas secundárias, como técnica a utilizar no ensino dos conceitos de Matemática. Isto, por sua vez, desencorajará a aprendizagem mecânica da Matemática e reduzirá drasticamente a alarmante taxa de insucesso na disciplina de Matemática.

2) Devem ser organizados programas de educação e esclarecimento sobre as técnicas de ensino etnomatemático para professores de Matemática em vários níveis de instituições educativas, desde o ensino primário até ao ensino superior. Organismos profissionais como a Associação de Professores de Ciências da Nigéria (STAN), a Associação de Matemáticos da Nigéria (MAN), entre outros, devem organizar workshops e seminários para popularizar e sensibilizar os professores de Matemática para a utilização de materiais didácticos etnomatemáticos como abordagem no ensino dos alunos. Deveriam ser organizados mais seminários, workshops, conferências e programas para sensibilizar e informar adequadamente os professores de matemática sobre os procedimentos, métodos e princípios da ETA (Abordagem de Ensino Etnomatemática) para a aprendizagem da matemática.
3) Os valores, as técnicas e as actividades da cultura matemática devem ser cuidadosamente organizados e modificados de acordo com a matemática moderna e incluídos nos conteúdos curriculares a implorar no ensino da matemática. As instituições de formação de professores devem incluir a utilização de materiais didácticos de etno-matemática como método no conteúdo do curso de matemática. Isto garantirá que, após a formação dos professores, estes estarão equipados para ensinar conceitos matemáticos de forma eficaz.
4) Os professores de matemática devem esforçar-se por encorajar e ajudar os seus alunos a desenvolverem uma excelente capacidade de raciocínio matemático. Isto deve ser feito através do emprego de múltiplas e variadas abordagens centradas no aluno para o ensino e a aprendizagem, da utilização de materiais didácticos orientados para a história e a cultura, da atribuição e avaliação de trabalhos de casa, trabalhos e testes, da organização de concursos de perguntas e respostas, etc.

Sugestão para investigação futura

No entanto, recomenda-se a realização de mais investigações sobre a eficácia da utilização de pacotes assistidos por computador com antecedentes culturais e etnomatemática.

REFERÊNCIAS

Abakpa, B. O. e Agbo-Egwu, A. O. (2008). *O efeito da aprendizagem cooperativa em pequenos grupos nos testes de aproveitamento dos alunos.* Benue J. Res Science Education (1): 71-90.

Abraham, J. e Bibby, N. (1988). Matemática e sociedade: Etnomatemática e o currículo do educador público. *Para a aprendizagem da matemática.* 8(2), 211.

Adenegan, K. E., Akinremi, O. V e Akinrotimi, A. A. (2014). *Numeracia na primeira infância.* Alan Rogerson Publicação das Actas da Conferência da 12th Conferência Internacional sobre Educação Matemática para Projectos Futuros em Montenegro, 21-06- 2014.wwwdirectorymaths.netmontenegro/AAAproceedingsforwardconte nts.pdf.

Adetula, L. O. (1990). *Fator de linguagem; afecta o desempenho das crianças em problemas com palavras?* Estudos Educacionais em Matemática 21:351-356.

Ah-Kee, V. (2004). *Discurso na Conferência Black Insights, Galeria de Arte de Queensland.* Descarregado da Rádio Nacional. www.abc.net.au/messagestick.

Akinbote, K. O. e Iroegbu, V. I. (2001) "Effect of Three Modes of Teaching Reading on Primary School Pupils Achievement in English Comprehension" Evaluation Research (13): 3 8-45.

Ames, C. A. (1990) "Motivation: What Teachers Need to Know". TEACHERS COLLEGE RECORD 91(3): 409-421.4.

Anchor, E. E. et al (2009). *Efeito da abordagem de ensino da etnomatemática nos resultados e na retenção dos alunos do ensino secundário in locus.* AcademicJournal.

Anthony, G., e Walshaw, M. (2008). Caraterísticas de uma pedagogia eficaz para o ensino da matemática. **Em** H. Forgasz, T. Barkatsas, A. Bishop, B. Clarke, P. Sullivan, S. Keast, W. T. Seah, & S. Willis (Eds.), Research in mathematics education in Australasia 2004-2007 (pp. 195-222). Roterdão, Países Baixos: Sense.

Anzenge, H. et al., (1988). *Algoritmos matemáticos indígenas.* Projeto B. Ed. Projeto, Universidade Ahmadu Bello, Zaria.

Ascher, M. (1991). *Etnomatemática: A Multicultural View of Mathematical Ideas.* Pacific Grove, Califórnia: Brooks/Cole. ISBN 0-412-98941-7.

Awoniyi, T. A. (1978). Yoruba Language in education. Londres: Oxford University Press.

Azuka, B. F. (2003). *Os desafios da matemática no desenvolvimento económico e técnico da Nigéria - implicações para o ensino superior.* Abacus: J. Math. Assoc. Niger. 28(1): 18-26.

Baker, C. (2001). *Foundations of Bilingual Education and Bilingualism (Fundamentos da Educação Bilingue e do Bilinguismo*). Terceira edição. Clevedon: Multilingual Matters.

Barnes, A. L. (2000*). Learning preferences of some Aboriginal and Torres Strait Islander students in the veterinary program.* The Australian Journal of Indigenous Education, 28(1), 8-16.

Barnes, A. L. (2000). *Learning preferences of some Aboriginal and Torres Strait Islander students in the veterinary program.* The Australian Journal of Indigenous Education, 28(1), 8-16.

Bishop, A. J. (1991). *A educação matemática no seu contexto cultural.* Em M. Harris (ed.) Schools, Mathematics and Work: pp 15-25. Nova Iorque. Academic Press.

Bishop, A. J. (2002). *Política e prática de investigação: O caso dos valores.* **Em** P. Valero & O. Skovsmose (eds.), Mathematics Education and Society. Actas da Terceira Conferência Internacional de Educação Matemática e Sociedade MES3, (sec. ed.), 2 Vols (pp. 227-233). Dinamarca: Centro de Investigação em Aprendizagem da Matemática,

Bucknall, G. (1995). *Construindo pontes entre a matemática aborígene e a matemática*

ocidental. The Aboriginal Child at School, 23(1), 22-31.
Christie, M. (1994). *Aboriginalising post primary curriculum*. The Aboriginal Child at School, 22(2), 86-94.
Clarkson, P.C. (1992). *Language and mathematics: a comparison of bilingual and monolingual students of mathematics*. Estudos Educacionais em Matemática 23:417-419.
Cohen, E. e Lotan, R. (Cds.). (1997). *Working for equity in heterogeneous classrooms: sociological theory in action*. New York: Teachers College Press.
Cronin, R., Sarra, C., & Yelland, N. (2002). *Alcançar resultados positivos em numeracia para estudantes indígenas*. Documento apresentado na Conferência da Associação Australiana de Investigadores em Educação. Brisbane. Recuperado em 10 de outubro de 2003, de www.aare.edu.au/confpap. htm.
Cummins, J. (2000). *Língua, poder e pedagogia. Bilingual Children in the Crossfire*.Multiligual Matters; Clevedon, Nova Iorque
D'Ambrosio, U. (2001). *O que é a etnomatemática e como pode ajudar as crianças nas escolas?* Ensinar matemática às crianças. **Em** V. T. Beston (Ed), Conselho Nacional de Professores de Matemática, NCTM.
D'Ambrosio, U. (1985). *A etnomatemática e o seu lugar na história e na pedagogia da matemática*. Para a Aprendizagem da Matemática, 5, 44-8.
D'Ambrosio, U. (1997). May paraphrases Ascher 1986; (Powell e Frankenstein, 1997 citando D'Ambrosio) Powell, Arthur B., and Marilyn Frankenstein (eds.) (1997). *Ethnomathematics: Challenging Eurocentrism in Mathematics Education,* p.7. Albany, NY: State University of New York Press. ISBN 0-7914-3351-X.
D'Ambrosio, U. (1999). *Literacia, Matheracia e Tecnoracia: A Trivium for Today.* Mathematical Thinking and Learning 1(2), 131-153.
Davidson, D. M. (2000). *Uma abordagem etnomatemática ao ensino de alunos de minorias linguísticas*. Centro de excelência em educação, North American University.
Dossey, J. (1992). A natureza da matemática: *It's role and its influence*. **Em** D. A. Grouws (Ed.), Handbook of research on mathematics teaching and learning (pp. 39-48). New York: Macmillan.
Elson-Green, J. (1999). *A equidade para os aborígenes é a principal prioridade*: Kemp. Education Review, Nov/Dez, 12 - 13.
República Federal da Nigéria, *Política Nacional de Educação* (3rd edition), NERDC Press, Lagos, 1998.
República Federal da Nigéria, *Política Nacional de Educação* (4th edition) NERDC Press, Lagos, 2004.
Geary, D. C., Bow-Thomas, C. C., Fan, L., e Stigler, R. S. (1996). Desenvolvimento de competências aritméticas em crianças chinesas e americanas: Influence of age, language, and schooling. "Child Development", 67, 2022-2044.
Gerdes, P. (1993). *Estudo dos trabalhos actuais sobre Etnomatemática*. Comunicação apresentada na Reunião Anual da Associação Americana para o Avanço da Ciência, Boston. p142.
Gilmer, G. F. e Milwankee, M. T. (2001). *Ethnomathematics:An African American perspective on developing women in mathematics*; recuperado em http//www.goggle.com.
Gledhill, R. (1989). *Estruturas do discurso: Algumas implicações para os professores de crianças aborígenes*. The Aboriginal Child at School, 17(4), 3-10.
Glorin, G. (1980*): Connecting mathematics practices in and out of Schools*, Vol. 3, No. 2 journal of Ethnomathematics Canada.
Graham, B. (1988). *Mathematical education and Aboriginal children (Educação matemática e crianças aborígenes*). Educational Studies in Mathematics, 19, 119-135.
Harbor-Peters, V.F.A (2001). *Palestra inaugural: Desmascarando alguns aspectos*

desagradáveis da matemática escolar e estratégias para os evitar. Enugu: Snaap press Ltd.
Howard, P. (1995*). Ouvir o que as pessoas têm a dizer sobre a matemática*: A matemática primária e os pensamentos de um aluno Murri. The Aboriginal Child at School, 23(2), 1-8.
Imoko, B. (2004). *Educação matemática e tecnologias da informação: Acessibilidade e adaptabilidade na Nigéria.* Benue State Univ. J. Educ. 5: 1 -5.
Knijinik, G. (1997). *Ethnomathematics: challenging eurocentralism in mathematics education*. Nova Iorque: Sunny Press.
Kurumeh, M. S. C (2004). *Efeitos da abordagem de ensino da etnomatemática no desempenho e interesse dos alunos em geometria e mensuração*. Tese de doutoramento não publicada. Universidade da Nigéria, Nsukka.
Lancy, D. (1978). *O Projeto de Matemática Indígena*. Papua New Guinea Journal of Education, Vol. 14, 217.
Leder, G. C. (1992). Matemática e género: Changing perspectives. **Em** D. A. Grouws (Ed.), "Handbook of research on mathematics teaching and learning" (pp.39-48). Nova Iorque: MacMillan.
Louis, F. (1986): *Candy Selling and math learning*, ISGEm Newsletter vol. 4 No. 2
Malloy, C. E. (1997). Incluir estudantes afro-americanos na comunidade matemática. **Em** J. Trentacosta & M. J. Kenney (Eds.), "Multicultural and gender equity in the mathematics classroom: The gift of diversity" (pp. 23-33). Reston, VA: Conselho Nacional de Professores de Matemática.
Maratos, J. (1998). *Reflexões sobre um centro de trabalhos de casa aborígene: Pedagogias progressivas e etnomatemática.* The Australian Journal of Indigenous Education, 26(2), 1-5.
Matthews, S., Howard, P., e Perry, B. (2003). *Trabalhar em conjunto para melhorar a aprendizagem da matemática dos estudantes aborígenes australianos*. **In** L. Bragg, C. Campbell, G. Herbert, & J. Mousley (Eds.), Proceedings of the 26th annual conference of the Mathematics Education Research Group of Australasia(pp.17-28). MERGA: Sydney.
McDonald, G. (2001). *What can age by grade tell us about education in Australia?* The Australian Educational Researcher, 28(1), 81-105
Meanmore, D. (2001). *Uniformly testing diversity?* : National testing examined. Asia-Pacific Journal of Teacher Education, 29(1), 19-30.
Mogari, D. (2002). *Uma abordagem etnomatemática ao ensino e à aprendizagem de alguns conceitos geométricos*. Tese de doutoramento não publicada da Universidade de Witwatersrand, Joanesburgo.
Moschkovich, J. N. (1999). *Apoiar a participação de alunos de inglês em discussões matemáticas*. For the Learning of Mathematics, 19(1), 11-19.
Nisbett, R. E. e Norenzayan, A. (2002). *Culture and cognition*. **Em** H. Pashler & D. L. Medin (Eds.), Stevens Handbook of Experimental Psychology: Cognition (3d Ed., Vol. 2) (pp. 561-597). Nova Iorque: John Wiley & Sons.
Obodo, G. C. (1997). *Princípios e práticas do ensino da matemática na Nigéria*. Enugu: Divisão de Estudos Gerais, Universidade de Ciência e Tecnologia Pub.
Ogunsanwo, T. (2003). Homework made and Parental Involvement in Homework as Determinants of Primary School Pupils Learning Outcomes in Mathematics in Ibadan North, Ibadan.Ph.D Thesis Department of Teacher Education, University of Ibadan. XIX + 313pp.
Onukaogu, A. E. (2002). "Developing Effective Reading Skills", (Pp. 25-39) .in A. Mansaray e I.O. Osokoya (eds.), Curriculum Development at the Turn of the Century: The Nigerian Experience. Ibadan: Departamento de Formação de Professores, Universidade de Ibadan.

PISA (Programme for International Students Assessment) (2006). *Avaliar a literacia científica, de leitura e matemática.* Um quadro para o PISA 2006. Paris, OCDE.
Presmeg, N. (2002). As crenças sobre a natureza da matemática na ligação entre as práticas matemáticas quotidianas e escolares. **Em** G. Leder, E. Pehkonen, &G. Torner (Eds.), Beliefs: A hidden variable in mathematics education? (pp. 293-312). Dordrecht: Kluwer.
Órgão Consultivo para a Educação Indígena de Queensland (QIECB). (2003*). Position paper on schooling and teacher education.* Brisbane: Queensland Indigenous Education Consultative Body.
Rabiu, A. M. (2005). *Análise comparativa do desempenho dos estudantes nos exames WAEC e NECO.* Projeto PGDE não publicado. Departamento de Educação da Universidade de Kano.
Radford, L. e Roth, W. (2011). *Intercorporeidade e compromisso ético: Uma perspetiva de atividade na interação na sala de aula.* Estudos Educacionais em Matemática, 77, 227-246.
Roberts, T. (1999). *Registos matemáticos em línguas aborígenes.* Para a Aprendizagem da Matemática, 18(1), 10-16.
Ayodele, S.O.C. (1988). *O problema da língua na educação dos alunos nigerianos.* Série de Palestras da Faculdade Nº 4, Faculdade de Educação, Universidade de Ibadan, 1988.
Sanni S. O. e Ochepa, I.A. (2002). *Efeito da discussão prática fora da sala de aula no desempenho dos alunos em matemática.* Abacus: J. Math. Assoc. Niger. 27(1): 45-52.
Saxe, G. B., Guberman, S.R. e Greathart, M. (1987*). Processos sociais no desenvolvimento inicial dos números.* Monografias da sociedade de investigação sobre o desenvolvimento infantil, 52(2).
Schwab, R. G. (1996). *Having it both ways: The continuing complexities of community-controlled Indigenous education.* Camberra: Centre for Aboriginal Economic Policy Research, Universidade Nacional Australiana.
Sfard, A. e Prusak, A. (2005). *Contar identidades: o elo que falta entre a cultura e a aprendizagem da matemática.* **Em** H. L. Chick & J. L. Vincent (Eds.), Proceedings of the 29th conference of the International Group for the Psychology of Mathematics Education (Vol. 1, pp. 37-52). Melbourne: PME.
Shirley, L. (1988). *Algoritmos históricos e etnomatemáticos para uso na sala de aula,* ICME VI, Budapeste. p12.
Shirley, L. (1995). *A etnomatemática como fundamento da metodologia institucional.* Espanha: Cana Pub.
Shnukal, A. (2002). *Some language-related observations for teachers in Torres Strait and Cape York Peninsula schools (Algumas observações relacionadas com a língua para professores em escolas do Estreito de Torres e da Península de Cape York).* The Australian Journal of Indigenous Education, 30(1), 8-24.
Shuaibu, G. (2005). *Oportunidades educativas dos géneros em ciências: Girls turn the Achievement Wheel.*
Skutnabb-Kangas, T. (2000). Sociolinguística para apoiar as diversidades? Sociolinguistics 14, 2000, número especial, The Future of European Sociolinguistics, 50-54.
Tereziaha, N. (1999). *Etnomatemática e cognição quotidiana.* **Em** G. A. Douglas (Ed), Handbook of research on mathematics teaching and learning. Um projeto do Conselho Nacional de Professores de Matemática.
TETFUND (Fundo Fiduciário para o Ensino Superior) (2014). *O sistema de contagem de alguns dialectos de Igbo, Hausa e Yoruba.* Editado por Oyebade, F. O. et al. Masterprint Publishers, oke-Ado, Ibadan. ISBN 978-978-314-566-9
Uloko, E. S. e Ogwuche, J. (2007*). Uma abordagem prática da utilização da etno-*

matemática no ensino de Locus. **Em** M.J Adejoh & C O Iji, Innovations in teaching and learning Makurdi: Adeka printing and publishing company Ltd. pp276 -288.
Uloko, E. S. e Imoko, B. I. (2007). *Efeito da abordagem de ensino da Etnomatemática e do género no desempenho dos alunos em Locus.* J. Natl. Assoc. Sci. Humanit. Educ. Res. 5(1): 31-36.
Valverde, L. A. (1984). Underachievement and underrepresentation of Hispanics in Mathematics and Mathematics related careers". "Journal for Research in Mathematics Education", 15,123-33.
Walker, E. N., e McCoy, L. P. (1997). As vozes dos alunos: Afro-americanos e Matemática. **Em** J. Trentacosta & M. J. Kenney (Eds.), Multicultural and gender equity in the Mathematics classroom: The gift of diversity (pp. 34-45). Reston, VA: Conselho Nacional de Professores de Matemática.
Zaslavsky, C. (1973). *A África conta: Number and Pattern in African Culture [Número e Padrão na Cultura Africana]. Terceira edição revista, 1999.* Chicago: Lawrence Hill Books. ISBN 1-55652350-5
Zhonghong, J. e Eggleton, P. (1995). A brief comparism of U. S. and Chinese middle school mathematics programs. "School Science and
Matemática", 95,187-94.

Printed by Books on Demand GmbH, Norderstedt / Germany